KYな海上自衛隊

現役海上自衛官のモノローグ

黒澤 俊
Kurosawa Syun

社会批評社

目次

第2章　KYな海上自衛隊

第5章　黒いベールに包まれた潜水艦部隊

第6章 オムニバス・海上自衛隊 165

イラスト・タケタニ　表紙カバー装幀・佐藤俊男

はじめに

あなたは自衛隊についてどのくらい知っていますか？

彼らが毎日どのような活動をしているのか、何のために、何を目的にして訓練しているのか、それを具体的に言える人が、あなたの周りにどれだけいるでしょうか？

おそらく、多くの人は自衛隊が何をやっているのか、全く分からないと思います。というか、大して興味が無いと思います。それよりも、「俳優の○○くんとアイドルの○○さんが電撃結婚」とか、「最新のトレンド、古着の着こなし」などの、昼下がりのワイドショーやファッションの知識の方が、はるかに重要だと考えているでしょう。当の私も高校生のときは、「日本には自衛隊という組織がある」程度の認知しかなく、それよりも毎週月9（月曜9時のテレビドラマ）を見ることの方がはるかに重要なことでした。

なぜ、国防を務める自衛隊の認知度がこれほど低いのでしょうか？　アメリカ軍兵士は、アメリカ国民から尊敬の眼差しで見られ、社会的地位も確立しています。それに比べると、自衛官は尊敬されているわけでもなく、どちらかと言えば肩身の狭い思いをしているようにさえ感じます。

なぜそうなってしまったかというと、まず一つは、一般市民が日常生活にあたって、自衛隊の活動と全く接点が無いことが考えられます。地震や大雪、津波などの自然災害には、救援活動で一般市民と触れ合うことがありますが、それ以外ではニュースでちらほら見る程度です。近年はイラクの戦地に赴き、自衛隊発足後初めてとなる実戦派遣で世間の脚光を浴びてきてはいますが、全体的に見れば漠然としたイメージがあるだけで、正しく認知されているとは思えません。やはり、具体的に答えることができるのは、専門家や軍事オタクくらいなものでしょう。

もう一つは、アメリカは戦勝国であり、日本は敗戦国だという事実です。両国の戦後の歴史の歩み方は、正反対と言っても過言ではありません。戦勝国は軍隊を肯定し、彼らを進んで賞賛します。逆に敗戦国は軍隊を否定し、自衛隊という自衛のための武力しか持たない組織の存在すら許そうとしません。

守るべき人達から疎まれ、敵以上に味方から非難される自衛隊は、さながら四面楚歌と言ったところでしょうか。そのような状態では、隊員の士気も下がることはあっても上がることはありません。自衛隊がアメリカやイギリス並みに軍隊の士気を保ち続けるのは、いささか無理でしょう。

自衛隊に〝モラル〟が欠如していると言われても、仕方が無いと言えば仕方がありません。周りからけなされている中では頑張る気持ちも失せてしまいます。このご時世、隊員たちの心はもはや〝冷めて〟いるのです。

さすがに、サマーワへの現地派遣のときは士気が盛り上がったのではないかと思われがちですが、それは陸上自衛隊だけの話ではないでしょうか。

海上自衛隊は何をしていたかというと、蒸し暑いインド洋上でアメリカ軍やらパキスタン軍やらに、〝動くガソリンスタンド〟の如く、無償で油を供給していました。ホンモノのガソリンスタンドと違うのは燃料がタダという点です（笑）。とにかく、これでもかと言うくらい思いっきり後方支援なので、現場には戦争の〝せ〟の字も無いくらい緊張感がありません。

復興支援のためイラクのサマーワに派遣された陸自は、現地の人と直接交流しただけあって現場の悲惨な状況を目の当たりにしています。そこで、ある種の使命感を持って行動するのは人間として当たり前です。彼らの場合は、自衛官である前に1人の人間としてハートで行動したことが、結果として高い評価をもらったのではないでしょうか。

いまや国会議員となった佐藤元1等陸佐も、ブラウン管で〝ヒゲの隊長〟と呼ばれていたくらいですから、世論の評価はかなり良かったに違いありません。

一方の海自は、インド洋で〝動くガソリンスタンド〟状態だったので、頭では「対テロ戦争支援」のために活動していると分かっていても、陸自に比べてはっきりとした意識ができていません。また、大きな護衛艦を襲ってくる海賊などいるわけないし、海の上では危険と呼べるようなことは無いので、隊員たちの士気も上がらないのです。

その燃料をタダであげていることに世論は反発するし、海上給油の「護衛」のために派遣されていたイージス艦の本当の目的が、監視データをアメリカ軍に送ることだったのがバレるなど、悪いことばかりが起きています。まさに、ホップ・ステップ・ジャンプするところを、ホップ・ステップ・複雑骨折してしまったのが、海自の最大の失敗だったのではないでしょうか。華々しいデモンストレーションを成功させた陸自と比べると悲しくなってきます。

そう考えると、陸自と海自とでは隊員たちのテンションに、ものすごいギャップが生まれていることになります。陸自は少しシャキッと背筋を伸ばしましたが、海自は依然としてマヌケ面しています（笑）。

そんな海上自衛官のなかには、バカンス気分でインド洋に赴いた隊員もいるはずです。長い出航となると、食料などの補給物資を積むために必ず外国の港に入らなくてはなりません。乗組員の息抜きを兼ねて、外出を許可することもしばしば。その際、きちんと家族や友人に頼まれたお土産を買ってくるのです。

海上自衛官はそれが分かっているので、知り合いが海外派遣で外国に行くと分かると、必ずお土産を頼みます。「対テロ戦争」に関しても同様で、当たり前のようにお土産を買って帰ってきた隊員がほとんどだと思います。戦争に加担しているのに、その自覚は全くと言っていいほど皆無です。まぁ、お土産を買うなとは言えませんけど、何のために海外派遣されているのか考えてほしいです。

当時、私の職場でも同僚たちが世間話程度のテンションで、インド洋派遣の話題で盛り上がっていました。彼らの会話はとても当事者の会話とは思えないほど第三者的で、自分たちには全く関係ないような感じでした。

例えば、次の会話はごく普通の海上自衛官たちの会話です。

A「同期の○○が乗っている船が、インド洋に行くことになったらしいよ」
B「うわぁ〜。最悪だね。家賃がもったいね〜」
C「海外派遣って言っても、大した手当ってつかないんでしょ?」
A「そうそう。でも、陸自は危険手当で1日2万とからしいよ。いいよなぁ〜」
C「おカネもらっても死んだら終わりじゃん。オレは行かねっ!」
B「でも、一度中東には行ってみたいよな〜。ドバイとかさ」

A「オレはこの前、訓練で行ったからもういいや」
B「どうだった？　楽しかった？」
A「何でも安いよ！　風俗も日本の2分の1くらいの金額で最後までいけるしね」
B「サイコ～。マジ行きて～」
A「でも、行くまでがね。毎日、訓練漬けでめんどくさいよ」
B「あ～。それが一番イヤだな。訓練ナシなら最高なんだけどな」
C「それじゃ、仕事してないじゃん？」
B「あぁ、そっか！　ギャハハハハッ」
C「そーだ！　忘れるとこだった。◯◯にお土産頼んどこ」
A「ついでに、オレのもお願い！」

ごく普通の自衛官たちは、たいていこのような会話をしています。ウソを言っているわけではなく、本当にこのくらいのテンションで「対テロ戦争」を傍観しているのです。

この会話一つでも、どれだけ〝モラル〟が欠如しているか理解できると思います。しかし、この隊風の乱れを全て自衛隊のせいにするのはいかがなものでしょうか。国民の無関心も原因の一つと考えるべきでしょう。自衛隊に対する正確な認識がないために、安っぽいヒューマニズムに誘導されて、自衛隊をなんとなく批判してしまうのです。人それぞれ意見があるのはいいことですが、周りに誘導されるのではなく、きちんとした勉強をして自立した意見を持つべきです。

国民が平和を謳歌する中、自衛隊は不測の事態に備えて黙々と訓練をし続けてきました。実は平和を謳歌している間は、自衛隊は本領を発揮することはできません。自衛隊が本来の任務に就くのは、日本が他国に侵略されるという最悪の事態が発生したときのみだからです。人は目に見える成果に対しては敏感ですが、目に見えない成果に対しては絶望的に鈍感です。自衛隊が「国の死亡保険」である以上は、国民から賞賛されることはまず無いでしょう。日本人一人ひとりの考え方が変われば話は別ですが……。

私が書き綴ったこの本は独自の視点から自衛隊を観たもので、これが一概に全てと言えるわけではありません。ただ、私が目指したものは自衛官の仕事内容やプライベートな生活をこと細かく説明するのではなく、「なぜそのように行動するのか、何が原因で今の状態になっているのか」を原点に戻って描くことでした。

自衛隊に関する本は書店に行けばいくらでもあります。内容を深く掘り下げて専門用語をズラッと並べている本もあれば、イラストを盛り込んで素人にも分かりやすい内容で書いている本もあります。どれも的確な問題提起と、なるほどと思わせる結論を書いていて、私も随分と勉強させられました。

軍事ジャーナリストが隊員たちのインタビューを通して自衛隊を見つめているものから、実際に現場を見てきた元自衛官たちのカミングアウト的に書かれたものまで、実に色々な人々が自衛隊に関する本を出版していることにも驚きました。

私はこのどれにもない視点で描きました。それは、私自身が現役の海上自衛官で、今も第一線で勤務している人間だからです。元ではなく、現在進行形の状態で独白するということは、私の心境が今現在、多くの自衛官が持っている心境に最も近いことになります。そういう意味では、今まで出版されてきた多くの自衛隊に関する本のなかでは、一番「自衛官の本性に近づいている」本だと言えるでしょう。

本のタイトルである『KYな海上自衛隊』というのは、全くそのままの表現で海上自衛官、ひいては自衛官の〝今〟を表現した史上初の本となります。

私が何よりも訴えたいのは、自衛隊と国民がお互いをもっと知るべきだということです。最近、海自を筆頭に頻発している不祥事を見る限り、自衛隊のイメージは最悪です。親元の防衛省もズサンな管理を露呈し、マスコミから激しいバッシングを受けています。

しかし、それだけで自衛隊の歴史や存在を否定するのはあまりにも短絡的すぎます。ただ批判するのは〝サル〟でもできるのですから。高度な知能を持った我々人類ならば、問題が起きた背景をしっかり分析することができるはずです。国民が一人ひとり、自衛隊に関する正しい知識を持てば、正しい批判のもとで正しい方向に彼らは向かうはずです。

もっと自衛隊を知りましょう。そして、もっと自衛隊に興味を持ってください。

第1章　ベクトルがズレている海自のトップ

観光目的の地方部隊視察

軍隊、企業、団体、どこの組織にも必ずトップが、部下を鼓舞しようと現場に視察に来る機会があります。

海上自衛隊でもトップである海上幕僚長が、隊員の士気を上げようと毎年全国の各部隊を駆けずり回っています。仕事が忙しい？ なかで、視察に来るのは悪いことではありませんが、本当に中身のある視察をしているのでしょうか。はっきり言って私はしていないと思います。

視察は時間が限られているので、そこの部隊の長（司令クラス）によって、あらかじめ決められた場所だけを案内されます。それはほんの一部であって、しかも、たいがいは小綺麗なところしか紹介されません。確かに、部隊の長にとっては整備されてない仕事場を紹介するよりも、綺麗に整備された仕事場を紹介したほうがいいに決まっています。

また、そこで勤務している若い隊員と懇談する機会などつくるはずも無く、そういう現場の空気の様子は聞くにしても、たいてい幹部連中にしか聞きません。しかも、滑稽なことに、その幹部連中はたいがい現場の隊員たちとは仲が悪いので、生の意見を知るはずもありません。

結果、ありきたりなことしか言うことができないのです。なぜ、仲が悪いのかは後述します。

また、例え生の意見を知っていたとしても、はっきりと言うことはありません。〝余計なことは言わない〟、これは幹部連中の鉄則です。海上自衛隊はいまだ年功序列の厳しい世界でもあります。出る杭は容赦なしに、大勢から打たれるのです。

そして、現場の本音を聞くこともなく部隊視察が終わり、ご満悦の海上幕僚長はきっと「うむ、この部隊は施設がきちんと整備されているし、隊員の士気もいいようだ。引き続きこの調子で頑張ってくれ！」と、ありきたりなことを言って、悪くない無難な評価でもするのでしょう。アンケートで言うなら、「良い、普通、悪い」のうち、とても良いというわけじゃないし、悪いわけでもないから、とりあえず「普通」に◯しておくような感じです。

実際、視察に来ることで何かが変わるわけではありません。慣例的になっているため、隊員たちは何をするか分かっているし、何も変わらないことを知っているからです。目を輝かせながら、胸躍る気持ちになる隊員など1人もいないはずです。

どうせやるなら、何か一工夫して中身のある視察にすればいいのですが、どうやらそんなことも考えられないくらい忙しいようです（笑）。あらかじめ決められたコースからちょっと外れてみて、「私はこの施設を見学してみようと思う！」とか、サプライズ的な行動でもとればいいのです。そういう「オレは何するか分からないぞ！」みたいなオーラを出せば、慣例的な行事になってしまった部隊視察も刺激的になるでしょう。そうすれば、部隊の士気も自然と上がっていくはずです。

だが、老人たちは変化よりも現状維持がこの上なく大好きなようで、こんなやんちゃなことはしないようですが……（笑）。

また、上層部の連中が各地方の部隊に視察に行っているのを、多くの隊員は冷たい目で見ています。その理由は部隊視察が遠いところになれば、行った先の街のなかでは決して安いとは言えないプチリッチなホテルに泊まるからです。海上自衛隊のトップなのだから、それは別に構いません。警備上の問題もあるし、整備されていない汚いホテルに泊まれなんてことは言えないからです（警備上と言っても、海上幕寮長を狙うヤツなんていないと思いますが。そもそも、そんなことをするような国柄ではないですから）。

気になるのは、海上幕寮長のとりまきである付き添い人が異常に多いということです。

アテネ・オリンピックのときだったでしょうか。オリンピックに出場する選手たちの人数に比べて、付き添い人の人数が必要以上に多いことがニュースで問題になりましたが、それと全く同じことです。

そのどちらも、費用は本人が負担するわけではなく国民が払っているのですから。必要な人数だけで行けばいいのに、「どうせ税金なら、自分も……」みたいな最低な発想で便乗して行くのは、悪意を持って行っているとしか思えません。

きっと、こういう人間は批判されても、政治家みたいに訳の分からないどうでもいい理由をつけて弁明することでしょう。こういうヤツらを懲らしめるためにも、旅費は自費にすればいいのです。高級幹部はそれくらいの給料をもらっているはずですから！ そんな偉そうにしているなら、旅費くらい払っとけばいいのです。自費で泊まるようにすれば、安いビジネスホテルに泊まったりするかもしれませんね（笑）。

おそらく、海上幕僚長の付き添いの人間が地方に視察に来る本当の目的は、その地方の特産品を食べることで、帰りにはちゃっかり家族へのお土産を買うことなのでしょう。十中八九そうに違いありません！ 家族サービスも欠かさないとは、抜け目がないですね（笑）。

トップを知らない部下たち

一般の会社・企業であれば、上は重役から下は会うこともあまり無い末端の社員まで、全員が企業のトップである社長、または会長の名前やその経歴、そしてどのような人物であるかなどをはっきりと喋ることができるはずです。大中小問わず、会社の規模に関係なく知っているのが世間では常識です。企業のトップの人物像を知ることとは、その会社が何を目的にして活動しているのか、また、どのような社風であるのかを知ることと少なからずリンクしているからです。

しかし、海上自衛隊では〝そんなのカンケイねぇ～〟状態なのです（ピン芸人の小島よしおとは関係ありません）。はっきり言って、トップである海上幕僚長や統合幕僚長の名前を知っている海上自衛官は少ないです。

また、トップの指導方針や人物像を知っている隊員は、さらに少数です。それこそ、末端の部隊では階級が下にいけばいくほど、その認知は乏しいものになります。顔写真を見せても、「見たことあるんだよな～」程度で、名前すら満足に言えない者がほとんどなのです。もちろん、テロ特措法によって海上給油活動をするために、インド洋に派遣された艦船に乗っている隊員も例外ではありません。まさに第一線で活躍している彼らでさえも、ほとんどが完璧に言えないのが現状なのです（そんなヤツらは、オーシャンパシフィックピースを略して「おっぱっピー」とでも言っていればいいのです!! 小島よしおとは関係ありません）。

例えば、次のような会話があったとします。部隊視察があるときに、このような行動をとるのは、海上自衛隊では常識となっています。

Ａ「〇〇月〇〇日に海上幕僚長が部隊視察に来るらしいぜ」
Ｂ「海上幕僚長の指導方針とか、覚えてる？」
Ａ「覚えてないね！ でも、ＣＰＯから各科に名前と指導方針が書かれた用紙が配布されているから、それを見ておけば大丈夫だよ」
Ｂ「あぁ〜良かった！ オレ、完全に忘れていたよ！」
Ａ「ハハハッ、オレも！ だいいち、こんなことするのは教育隊以来だぜ！」
Ｂ「部隊視察が終わったら、処分しても構わないんでしょ？」
Ａ「問題無いと思うよ。覚えていてもしょうがないし」
＊（ＣＰＯは先任海曹室のこと。会社では部長クラスに位置する。艦船では、１隻にだいたい15人程いて全乗員の約８割を占める海曹、海士を束ねる存在。部隊の隊風、士気に大きく関わる重要な役職）

〝用紙が配布されているから〞というのは、隊員全員が認知していないことを前提とした行動です。内容を再度確認するためのものではなく、完全に場当たり的に出されたものと言っていいでしょう。

そもそも、普段から名前や指導方針を常に目につきやすい場所に掲示しておくことすらしていないわけですから、覚える必要はありませんと言っているのと同じです。自分のメモ帳にさえ記していないでしょう。モラルのかけらも無いのです！

また、海上自衛隊内で毎月発刊されている『艦船と安全』という本には、毎回トップに各部隊の司令クラスや海上幕寮長の指導方針などが掲載されているにも関わらず、それをマジメに読むこともないから知ることができないでいます。

ちなみに、『艦船と安全』という本を熱心に読む隊員はいないので、部数を思いっきり減らしたほうがいいと思います。船1隻に1部あれば充分です。官僚の天下り先である特殊財団法人の名前と同じくらい、くだらないことばかり書いているので、はっきり言って面白くありません。紙と税金のムダと言えます。入手できる人は読んでみてほしい。5ページも読めば、おなかいっぱいです。これを作っている編集部の人たちは、きっと自分たちで読み返したことが無いに違いありません。あなたたちは、これを読んで本当に心の底から面白い、興味が沸く、タメになると思ったことがあるのですか？

さて、話が『艦船と安全』の批評にズレてしまいました。もとの話に戻りましょう。

では、なぜトップを知ろうとしない者がいるのでしょうか。私の意見を言わせてもらえば、〝現場〟とトップとの接点が全く無いからだと考えています。

ここでいう〝現場〟とは第一線で働いている末端の部隊の隊員たちのことです。海上自衛隊という組織はあまりにも巨大すぎて、どうしても上層部と末端の部隊とでは〝大きな温度差〟

が存在してしまいます。

それは、テレビ、映画の『踊る大捜査線』で織田裕二扮する青島刑事が、現場の意見を聞かずにマニュアルどおりにしか捜査しようとしないメンツ第一のおっさんたちに激怒して、一喝した名ゼリフ「事件は会議室で起きているんじゃない！　現場で起きているんだ！」のニュアンスに近いものがあります。

この〝大きな温度差〟のせいで組織全体として一体感が生まれず、その結果、トップを知らない、または知ろうとしない隊員が増えていっているのです。それが、さらに隊員の士気の低下につながり、スパイラルとなって悪循環を起こす結果となっています。

この問題はすぐ簡単に解決できるものではありませんが、スパイラルを少しでも遅くすることのできる打開策はあるはずです。

私の意見としては、要するに海上幕僚監部の上層部のお偉方が多忙なのは分かりますが、もっと〝現場〟に目を向けなければならないということです。〝現場〟の歯に衣着せぬ本音を直接聞くべきですし、そのための機会を積極的につくるべきです。

そして、もっと頻繁に、精力的に、可能な限り地方の部隊を視察していかなくてはなりません。組織のトップが組織の末端グループと直接話す機会が無ければ、全体を把握したとはお世辞にも言えないからです。目が向けられなければ、海上自衛隊の手となり、足となっている末端部隊で働く隊員たちは子供みたいにスネてどんどん腐っていくでしょう（今でも充分腐っているヤツはいるが……）。

それは悪いことをしても誰も見ていないし、誰も気づこうとしないからです。逆に目を向けられれば、彼らは自分たちの意見が反映されることを認識するでしょう。そして、仕事にやりがいを感じるようになる隊員が増え、仕事もスムーズに運ぶようになり、海上自衛隊全体としても、より活発に活動できるようになるはずです。全くいいこと尽くしではありませんか！

ただ、残念なことに現状では悪循環な風潮である傾向が強いようです。海上幕僚監部のお偉方はお願いだから自分の出世だけを考えるのは止めて、そろそろマジで「宣誓書」に誓ったとおり、国民のために汗を流してくれ‼

ゲーム機禁止⁉

この〝大きな温度差〟の最近の例としては、情報漏えい事件の対応策が分かりやすいと言えます。

多くの方が驚いたと思いますが、昨年の初めごろ、幹部自衛官による海上自衛隊のイージス艦の機密情報漏えいが発覚して、海上自衛隊全体の信用が大きく損なわれてしまいました。この重大な危機を迎えて、上層部では対応策として「可搬式記憶媒体」の徹底した管理をすることにしたのですが、その内容がとてもスゴいことになっているのです。

「可搬式記憶媒体」というのは、その名のとおり、記録を移動することのできる機器のことを指していて、カメラ、パソコン、USB、CD、DVD、携帯電話、フロッピーなどがそれに当たります。

基本的に職場全体が機密に近いので、業務内容に関連しているデータが入っているものについては全て登録しなければなりません。それ以外の私物のものについては原則持ち込み禁止となりました。ここまでは理解できます。むしろ、国防に関連する重要な情報を扱っているのに、つい最近までめちゃくちゃオープンにしていたことが不思議で仕方がないくらいです(この国の危機管理はどうなっているのでしょうか?)。

しかし、次からが理解に苦しむ内容になっています。「可搬式記憶媒体」に含まれるものとして、PSP(プレイステーションポータブル)、ニンテンドーDS、ビデオテープがあるのです。

たかがゲーム機器で何ができるというのでしょうか、ビデオテープで何をするというのでしょうか、全く意味が分かりません! そしてゲームボーイアドバンスは含まれていない(笑)。

何か違いでもあるのでしょうか？

こんな、力加減が分からない赤ちゃんみたいな対応策を出すのは、そもそも決めている人間たちが艦船に対して無知に近いことを如実に表しています。

「私は水上艦の副長・艦長を歴任している。船のことならだいたいのことは知っている」と、金バッジのお偉方は自信満々に言うかもしれませんが、それは大きな勘違いです。なぜなら、幹部と海曹士とでは船の生活環境が全く異なるからです。

幹部の寝室は海曹士と比べると、1人当たりのスペースが広くなっています。艦長・副長クラスになると、そのスペースは格段に広くなる。艦長室の広さは、船のおおよそ8割を占める海曹士の1人当たりの生活スペースの約5倍は余裕があるはずです。

また、食事をとる場所は違うし、海曹士は共用で浴室を使っているのに対し、彼らの寝室や浴室は個室となっています（潜水艦の場合は、若干異なる）。かと言って、乗員の様子を見るために、海曹士の居住区に来ることなどほとんどありません。

そんな艦内生活しかしていない彼らが、お世辞にも「だいたいのことは知っている」なんてことは言えるはずがありません。乗員の8割を占める海曹士の艦内生活を体験してもいないのに、知った気でいるような人間が決めるのは明らかにおかしいことです。航海中に乗員が受けるストレスの大きさを理解していないから、こんな傍若無人な規則を作ってしまうのです。

当たり前のことですが、艦船乗組員のほとんどの業務は海の上という限られた空間で行われます。航海中であれば、24時間艦内で過ごさなければならず、総員が共同生活をすることになります。つまり、職場とプライベートが同じ空間に存在するのです。若い隊員は上司と一緒に生活するので、何かと気を使わなければなりません。

ただでさえ、個人のプライバシーの少ない艦内生活なのに、ベッドのなかでも充分に楽しむことができる便利なゲーム機を禁止するのは子供じみた嫌がらせと一緒です。

おかげで、休憩時間中の楽しみが無くなってしまったではありませんか。艦船乗組員の数少ない娯楽の一つを奪うことで、何かメリットがあるというのでしょうか。彼らに航海中、仕事が終わった後は読書でもしなさいとでも言いたいのでしょうか。

上層部の連中は勘違いしたヤロウばかりで、ベクトルの方向がだいぶズレていて手に負えません。優秀な経歴を持っているなら、少しはその頭を使ったらどうなのでしょうか！

この「可搬式記憶媒体の規則」が施行されたとき、私は〝現場〟の空気を肌で感じています。ほぼ全ての隊員がマイナスの反応を示していました。

このような、隊員の士気を下げてしまう失策は今までもありました。〝現場〟の生の空気に触れようとしない上層部は、これに気が付いていないのか、いまだ「机上の空論」を実践し続けています。これが改善されない限り、この〝大きな温度差〟が小さくなることは、まず無いでしょう。

やたらと名目を気にするトップ

数年前ですが、当時私が勤務していた船が派米訓練のため、他の2隻と共にアメリカを目指して長い遠洋航海に出ました。寄港先は、ハワイのパールハーバーとアメリカ西海岸最大の軍港であるサンディエゴの2カ所です。

上陸許可（外出許可）になると、炎天下にもかかわらず、真っ先に外に出て行ったのを覚えています。私にとっては、生まれて初めての外国だったので、目につくもの全てが新鮮でした。人生の視野、見識も広がり、とても良い経験になったと思っています（残念なことは、ハワイのワイキキビーチが噂ほど綺麗ではなく、日本のそこら辺の砂浜と大して変わらなかったことですが）。

しかし、良いことばかりではありません。船数隻で日本から遠く離れた異国の地に来ることは、乗員にとっては少なからず不安があります。食べ物や気候などの生活する環境が全く違うので、精神的にストレスが溜まりやすい状況になるのです。

食べ物に関してもだいぶ苦労しました。こちらでは、ほうれん草やチンゲン菜などの日本人が好む野菜はあまりポピュラーではないため、知らない現地の業者はとんでもない形で持ってくるのです。頼んだものと違う野菜を持ってきたり、土だらけのほうれん草やサイズがバカでかいチンゲン菜など、トラブル続きで大変でした。食べ物だけでこんなに違うのだから、文化の違いというのは生半可なものではないと改めて実感しました。土だらけのほうれん草など、日本ではまずありえない話です。これはアメリカでは普通なのか、それとも日本が清潔すぎるのか、どちらかです。

その異なる環境からくるストレスを軽減しようと、停泊中は平日でも朝から上陸許可になるのが慣例となっています。つまり、休養を与えるわけです。海外なので自由に外泊することはできませんが、当直日以外は基本的に朝から休みなので、明日のことを考えずに夜まで遊ぶことができるのです（当直は海士が3日に1回、海曹が4日または5日に1回、CPO、幹部は7日に1回、艦長と副長と先任伍長は無し）。

しかし、トップ連中は平日の朝から「上陸許可」では聞こえが悪いと考えて、わざわざ「史跡研修参加者外出許可」と長ったらしい名前に変えて外出させています。この史跡研修の名目は、外国の歴史・文化に触れることのできる施設などの見学・体験をすることらしいです。要するに、朝から「上陸」して遊んでいるのを公然と認めるわけにはいかないので、研修という形にして、あくまで仕事の一環で「上陸」させていると言いたいのでしょう。実際は遊んでいるのだが、名目は研修していることになっているのです。

また、そういう名目にすることによって、書類上はきちんと定時まで仕事をしていることになっているから抜け目がありません。こういうことに関してはアッパレの一言です。乗員は朝から遊べるし、書類上は仕事をしていることになっているし、一石二鳥です。全く非常においしい話でしたが、私がここで暴露させていただくこととします（笑）。

私個人の意見としては、慣れない異国の地で生活するのは、体力的にも精神的にも厳しいので、隊員に休みを与えるのは良いことですし、士気を保つためにも必要なことだと思います。しかし、このような実際の活動と違う表現をする、まどろっこしいことは良くありません。「何か後ろめたいことでもやっているのか」と、逆に怪しまれかねないからです。きちんとした理由があるのですから、仕事が無ければ、堂々と朝から「上陸許可」にすればいいのです。別に「休養日」にしても、問題はないでしょう。

私がここで問題視しているのは、朝から遊んでいることではありません。実際にはやっていないのに、書類上はやっていることにしているのがおかしいと言いたいのです。

地方公務員はやたら長ったらしい名前と、どうでもいい理由をつけて必要の無い手当てに妥当性を持たせることを得意としていますが、海上自衛隊も同じ穴のムジナであると言えるでしょう。何でそういう考え方しかできないのか理解に苦しみます。まるで、積極的に不正を奨励しているのかと思うくらい、トップの考えることはいつも的が外れています（笑）。

防衛大臣の名前が分かりません！

最近、ニュースで話題になり、すっかり〝時の人〟となっている（笑）守屋前防衛事務次官ですが、ほとんどの自衛官はこの人を知らなかったはずです。私も彼がゴルフ接待でお縄頂戴になってから、初めて知ることとなりました。

何でも、防衛庁を防衛省にした立役者らしいのですが、不幸にも多くの自衛官が彼の存在を知ったのはそのときではなく、ゴルフ接待で捕まったときでした。初めて見る顔に「こんな人がいたんだ～」と、まるで他人事のようにニュースを見ている隊員がほとんどだったに違いありません。

それもそのはず、自衛隊という巨大な組織を統括する防衛省と仕事上で多くの関わりがあるのは、自衛隊の上層部だけです。末端の部隊の隊員たちにしてみれば、スーツ組が何を言おうが、何をやろうが、直接的にはあまり影響がないし、あったとしても私たちが自覚することはありません。

シンプルに分かりやすく言えば、小池百合子元防衛大臣がアメリカのライスに対抗して〝マダム・スシ〟発言しようが、関係ないのです！　おっと、これとは全く違う問題でした（笑）。

ちなみに私の元同僚には、ここ5～6年の間で防衛大臣が石破茂から小池百合子に代わったと、本気で思っているヤツがいました。石破茂が4年くらいぶっとおしで防衛大臣を務めていると思っていたらしいのです。その間歴任している外国語が得意な大野さん、問題発言大好きの久間さん、そしてバーコード頭の額賀さんを見事に抜かしているのです（日本の大臣が短期間で代わることも原因ではありますが……）。

一般人でも若ければ若いほどそうなのですが、政治家の名前を知らない者が多くいます。政治に興味が無い証拠です。まぁ、政治家は平気でウソをつくし、ＫＹ（空気が読めない）発言が多いし、興味がなくなるのも無理がないと思いますが。

それは、残念なことに自衛官も同じなのです。若い隊員で、今の総理大臣や防衛大臣が誰であるか知らない者は数多くいるのです。彼らの日本の将来に対する興味の程度は、そこら辺の路肩に座り込んでいるチャラチャラした若者とたいして変わらないことを物語っています。

トップは責任を取らない

海上自衛隊は、ここ5、6年の間にインド洋の海上給油活動やイラクへの海上輸送任務など、めざましい成果をあげて世界各国から国際的貢献が高く評価されています。

昔はよく〝税金泥棒〟などと呼ばれ、随分と肩身の狭い思いをしてきましたが、今となっては国民の評価もグーンと上がり、その存在感もどんどん大きくなっています。

このように、せっかく新しい可能性を見出そうとしているのに、その足を引っ張るかの様に、ここ最近になって海上自衛官による不祥事が相次いで起こっています。

いもづる式に、次々と逮捕者が続出した潜水艦乗組員による大麻栽培事件、先ほど触れたイージス艦の情報漏えい事件、護衛艦「あたご」の漁船との衝突事件など大きく報道され、その社会的影響も強かったものから、わいせつ罪、痴漢、盗撮、万引きなど、稚拙極まりない最低な犯罪に手を染めるものまで、大小問わず、色々な事件が起きています。

自分たちが、国民に奉仕する立場にある公僕であることを忘れ、雇い主に対して、なりふり構わない横暴な行為を次々起こしている事態に、国民感情は怒りをあらわにしているはずです。

この問題に手をやいていた上層部は、このダラけた隊風を引き締めようと、ベクトルの方向がだいぶハズれている対策を講じました。

＊1年の試行期間で、3等海曹の上陸日を5分の4から4分の3へ短縮する。
＊1年の試行期間で、海士長以下の上陸日を4分の3から3分の2に短縮する。

はっきり言って、何を言っているのか、全く意味が分からないと思います。しかし、これはとても理不尽なことなのです。順をおって説明しましょう。

まず、上陸日とは外出日のことです。海の上の仕事がメインである海上自衛官にとって、外に出ることは、船を降りることを意味します。船から陸に上がることから、外出することを〝上陸〟と呼んでいるのです。これは海軍時代から受け継がれている言葉で、外に出るときに「上がります」とか「上陸します」なんて言うこともあります。一般人にしてみたら意味が分かりませんが、業界用語とでも言いましょうか、海上自衛官の間では普通に通じる言葉なのです。「仕事が終わったので帰ります」のニュアンスに近いものになります。

そして、ある一定の間隔で船に寝泊りしなければならないことになっています。

なぜかと言うと病院と一緒です。病院では急患が入ったり、入院患者がトラブルを起こす可能性があるため、常時対応できるだけの最低限の人数が残っています（最近は、看護師のモラルも低下してきて、入院患者が困ったときに看護師にトラブルを伝えるナースコールが鳴っているにも関わらず、気づいていないフリをする職員が増えているそうです。全く、何のために高い医療費を払っているのでしょうか、悲しい現実です）。ドラマ『ナースのお仕事』で看護師たちが、「夜勤明けだから疲れているの」と言っているのがそれです。

海上自衛隊も停泊中に、いつ不測の事態があるか分からないので、すぐ対応できるように常時艦内に一定の人数が勤務しています。航海中は総員が乗っているのに対して、停泊中はだいたい総員の7分の1が乗っています。彼らはその日の〝当直員〟と呼ばれ、総員が仕事を終えて家に帰った後も、船の周辺の警備や機器の管理を24時間態勢で行っています。その1日の間は、特別な用事が無いかぎり船から降りることができないのです。

これを一定のシフトで回すので、週に何回か家に帰れない日が出てきます。休日でも次の当直員と交代するまでは、原則艦内で勤務しなければなりません（愛する家族に会えない既婚者にとってはイタイ！）。

通常の場合、3等海曹は5日のうち4日が上陸日となる。そのうちの1日が当直日で、土日、祝日に関係なく船で勤務しないといけません。単純計算で1年のうち、73日は家に帰らず艦内で過ごさなければいけないことになります。海士の場合も同じで、4日のうち3日が上陸日なので、1年のうち、91・25日を艦内で過ごすことになります。実際は、これに航海日程も入るので、艦内で過ごす日数はもっと多くなります。

忙しい船になると、1年の半分以上を船で過ごすこともあります。例としては、掃海艇の補助活動にあたる掃海母艦「ぶんご」です。この船は、ペルシャ湾にばら撒かれた機雷を除去するために、1年365日のうち、約300日もの時間を費やして、この途方も無い作業に当たりました（このせいで、家庭崩壊寸前にまでいった既婚者もいるようです。人気沸騰中の芸人並みにハードなスケジュールです！）。

だから、民間に比べて休みが多くもらえる公務員のなかでも、特に自衛官は一番休みをもらっているイメージがありますが、海上自衛隊の艦船乗組員に関しては、決してそうとは言い切れません。むしろ、民間よりも休みが少ないケースもあります。

それにも関わらず、世論の厳しい反応を目の当たりにして右往左往する上層部は何を思ったのでしょう、こんな理不尽な規則を決めるとは。これでは、隊員の士気はますます下がる一方です。

この取り決めによって、今までは1年の間の当直日が3等海曹では5分の1の73日、海士では4分の1の91・25日だったのが、平成19年からは3等海曹で4分の1の91・25日、海士は3分の1の121日を当直しなければならなくなりました。海士に至っては1年のうち、約

3分の1を船で過ごすハメになったのです。アパートを借りている人間にとっては、使わない部屋の家賃を大家さんにあげているようなものです。バカバカしい、もったいないの一言です。

それに、ムダな税金も使われるようになります。当直日の間隔を短縮するということは、当直員の人数が増えるということです。もともと、今までの人数で充分対応できていたのに、さらに充足率を上げるということは、ムダに人数を増やすことと一緒です。船で勤務するので、当然食事も船でとります。つまり、その日の食費がムダに多くかかることになります。

はっきり言って、そこにいてもいなくてもいい存在をムダに増やして、ムダな出費をつくるアホな行為と同じです。利潤を求める営利企業だったら、倒産に向かう自殺行為と変わらないことをしています。

また、船の中で団体生活をするという非日常的なことは、一般人ではなかなか理解できませんが、多少のストレスは存在します。既婚者であれば、我が家に帰って愛する家族と限られた時間を共に過ごす、独身の者でもアパートの部屋で自分だけの自由な時間を持つ。このただでさえ少なかったストレスを解消できる〝ゆとり〟の時間が、さらに少なくなることがどれだけのストレスになるか、規則を決める連中は全く理解していないようです。特に若い隊員にとっては、上司と一緒に生活するので色々と気を使わなければなりません。プライベートでも気を抜くことができなくなるのです。

激増する一般隊員の退職

隊員たちの間に広がる、モラルの低下が主な原因で起こっている最近の不祥事を、今後起きないように戒める対策なのですが、どうもベクトルの方向がズレている気がします。これでは、逆に隊員たちの反発心を買うだけと思うのは私だけでしょうか。

しかも、さらに若い隊員たちに追い討ちをかけるように、理不尽極まりない取り決めがされているのです。それは階級が2等海曹以上及び幹部の隊員については、当直日の変更がされないということです。その主な理由は「既婚者が比較的多いから」だそうです。階級の低い、若い隊員にも既婚者はいるというのに、なぜ区別するのでしょうか。

これは私の憶測ですが、おそらく本音としては、〝人材の価値〟の問題だと思います。2等海曹以上になると、年数もかなり経ち、海上自衛隊にとっては現場の知識と技能を持った「かけがえのない存在」です。彼ら中堅の階級は、前の世代から技術を受け継いでいるため、組織全体の要になっているのです。組織の骨子は何が何でも残さなければいけません。だから、一切の手をつけない、というか手をつけることができないのです。

それに比べ、若い世代は多少辞める人間が出てきても、まだまだ補充がきくし、代わりはいくらでもいる、と踏んだのではないでしょうか。思い切って踏み込んだことをしたものです。結果、どんな弊害が起きたかというと、結構大きな影響が出ているのです。おそらく上層部も、想像していなかったことでしょう。まさしく「……想定外です」の一言に尽きるのではないでしょうか(笑)。

〝反乱〟ではないのですが、若干ストライキに近い性質のものなのかもしれません。それは、任期制自衛官(練習員制度)で入隊してきた隊員が、満期金をもらって退職するという動きがここ最近目立ってきているのです。それも、かなりの人数に上ります。そのせいで、海上自衛隊の年間予定にまで影響が出始めています。つまり、人手が足りないために、出航する予定が遅れてしまう艦船が出てきたのです。今は、どこの艦船でも若い隊員が不足していて大変なようです。

重労働の多い艦艇業務に機動力のある若い人間がいないのは、戦闘集団としては致命的です。それに中堅階級の2曹、3曹の多くは、はっきり言ってメタボリックを体現している人間ばかりです。彼らはノウハウこそ持っていますが、肝心の機動力がありません。今の海上自衛隊の実働部隊である艦艇部隊を動かしているのは若い隊員たちなのです。若い隊員たちがいなければ、出航すら困難なのが現実です。

この上層部の取り決めを受けて、その肝心の若い隊員が続々と辞めているのです。出航できない状態は、国防上あってはならないことです。

もし、こんな状態で北のお友達に攻め込まれたら、どうするというのでしょうか（百万に一つもありませんが……）。「護衛艦○○に出航を命じる」と命令が出ても、「人がいなくて出航できません！」なんてことになるかもしれません。ガクッ、とずっこけてしまうというものです。こんな状態では有事など言っていられません。大きな影響が出るということは、それだけ反発心を買うくらい理不尽なことをしているということです。

決定権を持つ責任ある立場にある自分たちはお咎めなしで、下に位置する弱い人間に戒めを求めるのがトップの考え方のようです。いたぶるのが好きだから、きっとサディストなんでしょう（笑）。多分、上層部はこんな稚拙極まりない場当たり的な対策を、熟慮の末に、そして考えに考えた挙句、満を持して発表したに違いありません。まさに涙ぐましい努力です（笑）。

「団結の強化」はどこへ？

ひとつ言いたいのですが、私が初任海士教育で横須賀教育隊にいた頃は、まだ罰直が当たり前に存在していました。

罰直というのは、規則を破ったり、態度が悪かったり、テストの点数が悪かったりすると、班長から反省の意味を込めて与えられる罰のことです。何をするかと言うと、腕立て伏せ、腹筋、背筋などの筋力トレーニングと前支え、空気椅子などの忍耐力トレーニングの2種類に分かれます。

教育隊では〝絶対〟である班長から指示された罰直の内容は、絶対にやらなければなりません。私自身も、どんなに辛くても愚直なまでやりましたが、決して惨めには思いませんでした。なぜなら、注意して罰直を命じた班長自身も、自分と一緒に同じ内容の罰直をしてくれたからです。班長1人に対して班員は12人いるので、私1人だけの面倒を見ることはできないから、毎回一緒にやるというわけではなかったのですが、その姿勢が嬉しくて励ましになりました。回数を重ねて苦しくなってくると、「頑張れ！　あとちょっとだぞ！」と、自分のことのように熱心に応援してくれたのを今でも覚えています。

ささいなことと比べるようですが、事の大きさに関係なく責任の取り方も同じではないでしょうか。痛みを与えるのなら、与える側も同じ痛みを知らなければならないと思います。そうしなければ団結心は生まれません。

〝自衛官の心構え〟のひとつに、「団結の強化」というものがあります。残念ながら、私は今回の動きも見ていると、トップの責任ある立場の人間たちが自ら破っているように思えてなりません。それは、クサレ官僚たちが自分たちの都合のいいように法律をつくる、公正さを欠いたジコチューな行為とたいして変わらない気がします。

第2章　ＫＹな海上自衛隊

インド洋で給油活動する海自（防衛省サイトから）

自衛隊は一般企業と同じ？

最近、バラエティー番組やニュースなどを見ていると「日本語を正しく使えない若者が増えている」と、有識者が嘆いているのを耳にします。

それに、最近では正しい日本語の使い方をクイズにした番組まであります。そのクイズに答える芸能人がクイズの解答を見て、「なるほど～、そう使うんだ～」と感心している姿を見ると、言語学の有識者がそう言うのも無理がないと思います。そう言っている私自身もまた、日本語を正しく使うことができない日本人の1人なのですが……。

その原因の多くはテレビ番組にあるのでしょう。テレビ番組は日常生活のなかで、絶対に欠かせない存在になっています。多くの日本人は、もうテレビなしでは毎日が寂しくて、耐えられなくなっているのです。名づけて〝1億総テレビ依存症〟です。

言葉を大切にしないテレビ番組の風潮は、確実に日本人の日本語力を蝕んでいるはずです。それは誰にも否定できないはずです。特に10代、20代はそれが顕著に現れています。

日本語と和製英語をごちゃまぜにして話したり、長い言葉を無理やり略した造語を発明したり、最終的には言いたいことのニュアンスさえ伝わればいいような勢いで、とにかく日本語がアレンジされまくっています。

言語は時代と共に常に変化していくものですから、テレビで使われている言葉を全部否定するわけではありませんが、普遍性の無い、寿命の短い言葉を乱造することは、あまり好ましくないことです。もし、母体となる言語を正しく覚える前に造語を覚えてしまったら、造語が廃れてしまった後に苦労することになるからです。その言葉の意味をきちんと理解してからやってくれと言っているのです。

（ちなみに、ルー大柴さんは芸風だから構いません。彼はかれこれ10年以上前から、ああいう喋り方をしているらしいです。「みんなで一緒に together しようぜ！」は意味が分かりませんが……（笑）。それに、ルー大柴さんと一緒に together はしたくありません！）

こんなこと書いていると、テリー伊藤さんから、「そんなこと言うなら、テレビなんか見るなよ！」と怒られそうですが、日本が〝1億総テレビ依存症〟である現状から察するに、その影響力は計り知れないものになっています。そう考えると、「テレビ番組をつくる側は、もっと日本語を大切にしろよ！」と思わず言い返したくもなります。

別に個人レベルで、正しい日本語を使うべきだと言っているわけではありません（カタいことを念仏のように言う老人たちと一緒にしないでください）。相手に分かりやすく伝われば、それでいいと思うし、私自身もこれから正しい日本語だけを喋るようにしようなどと微塵にも思っていません。

しかし、公の場所で大多数の人間にメッセージを伝える場合には、正しい日本語を使うべきです。テレビはもちろん、インターネット、広告、ポスターなどは表現を間違えれば、誤解を生むし、様々な方面に影響を及ぼすからです。だから、慎重に何回も吟味され、細心の注意を払って企画されているのです（にも関わらず、この程度なんですが……）。

自衛隊も例外ではありません。ましてや国防を務める機関として、国内では警察と海上保安庁をはるかに凌駕する最大規模の戦闘集団です。

今までは活躍する場が無かったため、あまり認識されていませんでしたが、近年はイラク復興支援等でメディアに露出するようになってきました。その動向に国民の多くが注目しているのです。

自衛隊の広報は慣れていないせいか、この好機を有効に利用することがいまだにできていません。国民の関心がある今のうちに、自衛隊のイメージアップに努めたほうがいいのではないでしょうか。しかし、そんなことすらまともにできないのかもしれません。

そう思う根拠は、彼らの広報の表現力があまりにも稚拙で浅はかなものだからです。

陸・海・空の全ての求人欄には、しばしば「キャリアアップ」という言葉が使われています。

この言葉の使い方は正しいのでしょうか。私には？　です。

一般企業の募集欄に、このようなキャッチフレーズがよく使われていますが、これは〝自分の経験値を上げよう〟というニュアンスで使われています。つまり、「この職業で定年まで働くつもりは無いが、いずれ自分の好きな職業が見つかったときに役に立つ知識がある。だから、一時的にやってみよう」と考えている人を勧誘する謳い文句です。契約社員という新たな社会制度ができたあたりから、この謳い文句は出てきました。

「命を懸ける」ことが現実に

これが、いかに的ハズレな表現か、自衛隊の「宣誓書」の内容を見れば一目瞭然です。その一文は次の通りです。

「私は、わが国の平和と独立を守る自衛隊の使命を自覚し、日本国憲法及び法令を遵守し、常に徳操を養い、人格を尊重し、心身をきたえ、技能をみがき、政治的活動に関与せず、強い責任感をもって専心職務の遂行にあたり、事に臨んでは危険を顧みず、身をもって責務の完遂に努め、もって国民の負託にこたえることを誓います」（自衛隊法施行規則第三九条）

自衛隊に正式に入隊したら、すぐに「宣誓書」を渡され、全員で朗読します。この「宣誓書」には、国に忠誠を誓う内容が記されています。朗読した後は、自分の名前を書いてから、印鑑を押します。これで、この「宣誓書」は効力を発揮します。つまり、国家に忠誠を誓ったことになるわけです。

「キャリアアップ」というデマ広告に惑わされて入隊した人たちは、「宣誓書」を手渡されたとき、「えっ?」と面食らうはずです。仕事の経験を積もうと考えていた矢先、突然「命を懸ける」「国を愛する」誓いをしなければならないのですから。

「命を懸ける」という表現は決して大げさなものではありません。10年以上前なら、「命を懸ける」という可能性は微塵もありませんでしたが、最近の活発化している自衛隊の活動を見ていると、この表現も現実味を帯びてきています。

昔は、自衛隊もサラリーマンとたいして変わらない職業でした。戦争放棄をした日本は、アメリカの庇護もあって、海外の戦争に参加する必要性が全く無かったのです。そんな環境で、自衛隊という組織も完全にお飾り状態だったわけですが、今の国際情勢の下では、もはや、サラリーマン=自衛官という図式は消滅しています。いよいよ、戦闘集団として、本来の役割を果たす時期にきているのです。

そのような状況にあるのに、広報ではいまだに宣伝文句に「キャリアアップ」という言葉を使っています。彼らの平和ボケは一体いつになったら治るのでしょうか（笑）。

なかには、ずっと働くつもりの無い人間が希望する任期制自衛官の入隊制度もあるので、このキャッチフレーズを使う気持ちも分からなくもありませんが、もっと気の利いたものにできないものなのでしょうか。

せっかく、「日本を守るために、あなたの力が必要です」とか「一緒に国を守る仕事をやってみませんか」などイイこと書いているのに、そのすぐ横に「キャリアアップ」と書かれたら、ガクッとしてしまいます。

自衛隊の知識が無い人にしたら、民間の契約社員やアルバイトと同じレベルで見てしまうかもしれません。「自衛隊は、一般企業とたいして変わりませんよ」というイメージを与えてしまったら、仕事の本質を理解しないで入隊してくる人間が増えてしまいます。

今、まさに「キャリアアップ」というデマ広告に惑わされて入隊した人間が、大麻事件や破廉恥行為などの、いわゆる不祥事を起こしているのではないでしょうか。

デマで惑わされて入隊した人間は、自分の経験を積むために入ってきたわけであって、もともと熱心な愛国者ではありません。日本の教育内容自体、愛国心教育を推進していないので、「国家に忠誠を誓う」と宣誓したとしても、心の底から自覚することができないのです。

そのため、安易に犯罪に手を染めてしまうケースが頻発するのです。彼らが大麻事件や破廉恥行為などの犯罪に手を染めるとき、ここまで大きな社会問題になるとは夢にも思わなかったでしょう。自分たちが自衛官であることを認識していれば、犯罪に手を染める前に〝公務員〟というリミッターが働くはずです。それが働かないのは自覚していないということです。こういうのを「モラルの欠如」と言います。

また、不祥事と同等に深刻な問題なのが自殺です。これもデマで惑わされた人間の悲惨で嘆かわしい結末です。

日本の自殺率は世界トップ3に入る自殺大国で、大きな社会問題にもなっています。そして驚くべきことに、自衛隊の自殺率はトップ3に入っている日本全体の自殺率を上まわっているのです。

「こんなはずじゃなかった」、「自分のイメージと全然違うので悩んでいる」など、入隊した後で気づく人間は数多くいます。地方協力本部の人間にうまく丸め込まれた彼らは、高給与、完全週休2日制などのメリットばかりを聞いて入隊したというのがほとんどです。実際に訓練を受けてみて、初めてデメリットを知ることとなるのです。

しかし、入隊した後では手遅れ、数年と経たないうちに辞めてしまうと、経歴に傷がついてしまいます。次の就職のことを考えると、すぐに辞めることはできません。そういう人間は、結局泣き寝入りで、何年かは耐えて続けるしかないのです。そうして、耐えることができなくなった者が自殺という選択肢を選んでいるのです。

広報、宣伝する側は、誤解を生むような宣伝はしないことです。自衛隊はあくまで軍隊ではないと主張していますが、武力を保有する戦闘集団であることに変わりはありません。身分が〝特別職国家公務員〟と明記されているように、一般職とは明らかに違うのです。そこをきちんと伝えるべきです。

今の広報のやり方では、はっきり言って誤解を生むだけです。彼らはただ単に頭数を揃えることしか考えていません。自分たちのノルマが、人命よりも大事なのでしょうか（怒）。少しでも優れた人材を集めるために、デメリットはあまり詳しく説明せず、メリットばかり話したがる傾向にあります。

宣伝する人間にとって、一番必要な能力は〝空気を読むこと〟です。残念ながら、自衛隊の広報の人間はＫＹ（空気が読めない）なヤツがほとんどです（怒）。

「グンタイ」と考える隊員たち

自衛隊のイラク派遣は、国際社会から高く評価されました。アメリカに思いっきりおカネをむしり取られ、人員を派遣しないことを国際社会から批判された湾岸戦争の二の舞を恐れ、わざわざ新しい法をつくってから、自衛隊をイラク派遣したという経緯はありますが、これによって内外から注目されるようになったのは間違いないでしょう。

今や、自衛隊が軍隊であることは公然のことになっています。海外のニュースでは、自衛隊のことを「ジャパニーズ・アーミー」と訳しているし、武力の規模でも外国の軍隊に決して引けはとりません。

ほとんどの自衛官も自衛隊が軍隊であると認識しています。テレビでインタビューされても、「軍隊ではありません」の一点張りですが、組織であるがゆえに自分の意見が言えないだけで、本音では軍隊であると認識しているのです。

なぜ、公式に軍隊であると主張できないかと言うと、ご承知のとおり憲法第9条の存在があるからです。自衛隊はこの戦争放棄を前にして、軍隊ではないと苦しまぎれに主張しているに過ぎません。

それは、ハトを指さして「あの鳥はハトですよね？」と聞かれて、「違います。あれは、カラスです」と答えるのと同じことです。そんな愚直なことを、ここ30年くらいずっと続けているのですから、危ない綱渡りが得意なんでしょう。それでも、今まで何とかバランス良くやっていたわけですから、これからも続けていけばいいと私は思います。

私の個人的な意見としては、憲法第９条を改正する必要はないと思います。改正するまでもなく、すでに日本は事実上、軍隊を保有しているのですから。

国際社会の評価と世論の評価を天秤にかけながら、その都度、新しい法律をつくっていけばいいのです。都合が悪くなったら、テロ特措法みたいな、苦しまぎれの法をつくればいいだけの話です。私はテロ特措法を発案した小泉政権は評価されるべきだと思います。

「なんて暴論を吐くんだ！」と有識者から罵声を浴びせられそうですが、私は政治に関しては、完全にマイナス思考的な発想しか思い浮かびません。

だいたい、政治家は素晴らしいマニフェストを掲げても満足に達成することもできないし、平気で約束を破ります。選挙中には某政党を批判していたくせに当選した途端、批判していた政党に入るという詐欺まがいなことをするヤツもいます。経歴を偽って当選するバカもいれば、賄賂で当選するヤクザみたいなヤツもいます。

そして、一番最悪なのは、選挙中は有権者にペコペコ頭を下げて、「○○に清き1票をお願いします」と一人ひとりに情熱的に握手していたくせに、当選した途端、手の平を返したようにふんぞり返り、ふてぶてしい態度をとる政治家です。秘書からは〝○○先生〟なんて呼ばれたりしています。清き1票が穢れてしまうというものです。

そんな連中がほとんどなのですから、国民の声など3割くらい聞いて、後は都合のいい法律をどんどんつくっている始末です。問題が起きたら役職を辞めればいいと思っているので、国民の生活に深く関わってくる法律でも、吟味しないで軽々しく決めていきます。

だから、有権者のほうも、ほとんどの政治家はそういう生き物だと認識しておくべきです。彼らの言うことを真に受けてはいけません。損をするのはあなた自身なのですから。

ただ、なかには志を持った〝ホンモノ〟もいます。そういう政治家は「たけしのTVタックル」や「太田光の私が総理大臣になったら」などの政治の知識に疎い人でも、気軽に見ることができる番組によく出演しています。

憲法９条下の矛盾

話が政治家のバッシングにズレてしまいました。申し訳ありません。話をもとに戻すとしましょう。

今、憲法第９条が問題になって様々な論議が飛び交っていますが、改正しようとする動きは昔から常にありました。ベトナム戦争、湾岸戦争、コソボ紛争など国家規模の戦争が起きるたびに議論されてきた問題なのです。しかし、日本人は熱烈な議論こそしますが、そうこうしているうちに戦争が終わってほとぼりが冷めると、ニュースでも取り上げられなくなり、何もなかったかのように人々の記憶の中から消えてしまいます。

世界で起きている出来事を、日本人は少なからず冷めた目で見ているのです。まるで、自分たちの世界とは違う異世界で起きている出来事のように、毎回ただ傍観しているだけなのです。これは平和ボケも一つの原因ではあるのですが、本来、自己完結してきた歴史と閉鎖的な性格を持つ日本民族はこういう考え方なのでしょう。

今回のイラク戦争も同じようになるはずです。確かに、過激派によるテロや宗教摩擦の内戦など泥沼の様相を見せているので、アメリカの奮闘はしばらく続きますが、やがてほとぼりが冷めれば、憲法9条の問題は国民全員が忘れることでしょう。

例え、憲法改正案が発議され、国民投票になったとしても、万が一にも賛成が反対を上回ることは無いはずです。なぜなら、日本人は基本的に武装アレルギーですし、変化を嫌う習性がありますす。それに完全に平和ボケしているため、改正の必要性を感じることができないでしょう。おそらく、この民族は国内で大規模なテロが起きて、多くの犠牲者が出たとしても、改正には賛成しないはずです。

有識者の中にも憲法の改正を強く主張する人はいます。

自衛隊から最も嫌われているジャーナリストと自称する清谷信一氏は、著書『自衛隊、そして日本の非常識』のなかで、こう批判しています。

「日本国憲法は、アメリカの占領下において、フィリピン憲法をベースに、10日間ほどのやっつけ仕事で作られたもの。およそ人間が作ったものに完璧はない。時代の流れとともに見直しが必要である」

最もな言い分だと思います。

また、彼は憲法第9条は同じく憲法に記されている生存権を否定しているために、憲法が自己矛盾しているとも言っています。「戦力を持てないということは、外から来る脅威に対して無防備でいることと同じで、自身の生存権をも放棄しているではないか」。これもあながち外れていません。

自衛隊の存在意義について詳しく知りたい人は、彼の著書を読むことをお薦めします。こういう考え方もあるんだと感心するはずです。「この人の本って、偏っているよな〜」と思ったら、平和ボケしている証拠ですね（笑）。

色々な考え方があっていいと思います。何はともあれ、間違いなく今の日本は平和です。諸問題はあるにせよ、私はこの国は世界の中では「うまくやっている」方だと思います。

また、自衛隊も憲法第９条が存在するかぎり、この先ずっと中途半端なポジションで活動していかなければなりません。「武力を保有している非軍事組織」という矛盾と葛藤しながら日本を守っていくのは、今までの経緯を見るかぎり相当難しいことでしょう。良い意味でＫＹな自衛隊でいることが、大事になってくるのかもしれません。

「豚に真珠！」の最新兵器群

海上自衛隊では専守防衛の考えから、某国（北の将軍様が治める国）からの直接侵略への対応を想定した訓練が行われています。

世界各国の海軍と比べてみると防衛予算などは充実していて、武器レベルも高いわけではありませんが、発展途上国よりはそこそこマシな物を使っています。しかし、肝心の法整備が十分とは言えず、実際は全ての能力を発揮できないのがマヌケなところです（笑）。このため、何をするにもアメリカとの共同作戦が必要不可欠であり、その支援無しでは活動は非常に限定的なものとなってしまいます。

根拠の無い、高い提示金額で買い取ったアメリカ軍兵器のお下がりをいっぱい持っているのにも関わらず、実際に使うことができない海上自衛隊には、まさに〝豚に真珠〟という言葉がピッタリでしょう。当然、戦争なんて1回もしていないので、人間に対して使ったことはありません。その兵器の危険性や重要性を実感できるわけでもなく、その結果、情報漏えいなんて言う、戦闘部隊として最低の不祥事を起こす醜態を晒しています。

また、肝心の共同作戦も、圧倒的にアメリカ軍のメリットが多いようです。

アメリカ軍は空母などの正面戦力の増強に予算の多くを割いているため、後方支援をしてくれる補助艦船の整備が充分ではありません。ですから、海上自衛隊を主力の空母部隊をサポートする有力な戦力として重宝しているのです。

その一方で、アメリカとしては海上自衛隊にサポートする傾向を強くさせることで、独自の戦力を持たせないようにするという、したたかな思惑もあるようです。彼らは半世紀以上前に、大日本帝国海軍に痛い目にあったのを忘れてはおらず、再びあの悪夢を見ないためにも、日本には従順なパシリでいてほしいと願っています。一見、日本に献身的に協力しているように見えますが、ずる賢いアングロサクソンは必ずギブ・アンド・テイクを見据えて行動します。海上自衛隊には、主力空母をサポートするためだけの戦力の育成に励んでもらいたいと本音では思っているのです。

また、アメリカ軍に領土である沖縄の一部を与えているため、アメリカはアジアを掌握できる位置に安定した勢力を維持することができています。そのおかげで「世界の警察」、「人道支援」などの大義名分の下、アジアの国々を引っ掻き回し、実に様々な戦争を引き起こしてきました。

第２次世界大戦が終わってから、朝鮮とベトナムで共産勢力圏との戦争、アフガニスタンとイラクで石油利権の絡んだテロ報復戦争など、数多くの傷跡を残していきました。

朝鮮戦争で同じ民族が北と南に分かれ多くの家族が離散しているのも、ベトナム戦争時に枯葉剤（ダイオキシン）が撒かれて障がい児が生まれているのも、アメリカ軍がやったことには違いないでしょう。しかし、それを可能にさせたのは、まぎれもなく基地を与えている日本です。前述した悲劇は、沖縄に基地があったから起こったことなのです。目に見えるか見えないかの違いに過ぎません。直接的に関わっていないだけで、アメリカが起こす戦争に、日本は常に協力してきたのです。

確かに、時代背景や世界情勢、国家間の立場の優劣などの諸問題が複雑に絡んでいるため、この意見を少々暴論に感じる人がいるかもしれません。

海自の洋上給油は戦争行為

しかし、私は最近問題になった海上自衛隊の洋上給油の燃料が、イラク戦争に流用されたことだって同じことだと思うのです。これだって立派な戦争行為です。流用されることだって、前々から予想していたはずです。しかも、洋上給油自体は大義名分で、実際は補給艦の警備にあたったイージス艦の監視情報を、アメリカに提供することが主任務だったというから驚きです。もう、完全に戦争に参加しているとしか言いようがありません。

結局、何かしら理由をつけて、アメリカの起こす戦争に協力しているのが、今の自民党の方針なのでしょう。

2007年、当時の政権だった安倍内閣が〝美しい国〟や〝戦後レジュームからの脱却〟という素晴らしい目標を掲げ、華々しいスタートを切りました。この政権は道半ばで倒れてしまいましたが、仮に続いていたとしても、この目標を達成することはできなかったでしょう。今回のイラク戦争もそうですが、過去何度もアジア政情不安に積極的に協力してきた日本が、たった数年で〝美しい国〟になれるでしょうか。半世紀近くアメリカ一辺倒の日本が、〝戦後レジュームからの脱却〟なんて簡単にできるでしょうか。答えは極めて明確です。

戦後、半世紀以上経ちますが、いまだに日本はアメリカの手の上で踊っているピエロに過ぎません。アメリカが差してくれる大きな〝核の傘〟に隠れて、ペコペコ頭を下げながら、傲慢なアングロサクソンの言いなりになっているのです。

「税金を公然と横領したり、武力で言論を制圧する、どこかの発展途上国の独裁政権も豚ヤロウだが、それ以上に今の日本が一番豚ヤロウだよ！」（女芸人の「にしおかすみこ」とは関係ありません）

「グンタイ」に環境問題はタブー

ここ10～15年、世界各国で温暖化現象をはじめとした、あらゆる環境問題がクローズアップされています。

なかでも、とりわけヨーロッパ諸国は政府レベルでこの問題に取り組んできました。すでに、先進国として成熟している彼らには、新たな成長産業がほとんど残されていません。近年はITと金融市場が中心となったアメリカと、潜在的な消費大国が多く存在するアジアに完全に負けている状態が続いていました。そんな彼らが、巨大な市場になるであろう二酸化炭素排出枠ビジネスの中心的存在になろうとする思惑があるのは、はっきり言って見え見えですが、環境問題に真剣に向き合おうとしていることには変わりないでしょう。

それに比べれば、日本は政府レベルでの取り組みでは遅れをとったままです。高い技術力で世界を席巻しているトヨタを筆頭に、多くの企業が早いうちから省エネ対策を行ってきたおかげで、世界各国から日本企業が注目されました。先見的戦略が不得意なはずの日本人が未来のビッグビジネスを偶然当てたというのに、政府がそれをうまく活かすことができませんでした。京都議定書も名前だけの存在になってしまい、主導権はもうヨーロッパに獲られたと言っても過言ではないでしょう。

と、グチを言っても始まりません。国家レベルではこれから早急な政策を実施してもらうように頑張ってもらいたいものですね。

また、自治体や個人レベルでも色々な取り組みが始まっています。例えば、ゴミの細かい仕分け。つい15年ほど前までは燃えそうな？　ゴミ（ペットボトルや紙、プラスチック類）は全部一緒にして、燃えるゴミと燃えないゴミの仕分けはしていませんでした。それが今では、田舎に行ってもプラスチックのゴミと紙質のゴミの仕分けをするようになっています。

これは、ＣＭやテレビ番組で環境問題を題材にしたものが多く放送されたことが、個人レベルでの意識の向上につながったと見ていいでしょう。

最近では、スーパーのレジ袋がもったいないということで、「マイエコバッグ」なんていう概念も登場してきました。このように色々な創意工夫が発明されていくのは、とても喜ばしいことで、どんどんつくってほしいと思います。

しかし、全てのことに環境問題が入るとややこしいことになります。どこの企業も安価な商品で日本市場を席巻している外国勢に負けないように、コスト削減に躍起になっています。リサイクルなどを売りにして、会社のイメージアップを図る企業もありますが、なるべくならゴミ処理など、費用がかさむだけでやりたくないのが本音です。

そして、あらゆる業種のなかでも、廃棄物を大量に発生させる重厚長大型の企業が、一番環境問題のクローズアップを嫌がっているに違いありません。大量の廃棄物に対して多額のゴミ処理費用がかかるからです。

また、それとは正反対に全くと言っていいほど環境問題が入り込む余地がない分野も少なからずあります。その最たるものは、やはり「戦争ビジネス」と言えるでしょう。

戦争は国家の威信や民族の誇り、主義主張などを内外に強力に伝える手段として、人類史が始まってから絶えず繰り返されてきました。人類の歴史は戦いとともに始まったと言ってもいいでしょう。

生死に関わることはもとより、人にとって一番大切なアイデンティティ（生き方やプライド）を破壊する行為に立ち向かうため、戦いが始まるときは何よりも最優先されて実行されてきました。

難しいことを言っているようですが、ベトナム戦争を例にとるとよく分かります。

アメリカ軍がゲリラ戦を展開していたベトナム民族解放戦線に対して、ゲリラ戦を有効にしているジャングルの木々をどうにかしようということで、枯れ葉剤（ダイオキシン）を広範囲に渡って散布したことは有名な話です。その結果、ベトナムの国土に豊富にあったジャングルは、ほとんど枯れてしまいました。枯れ葉剤があまりにも強力なため、ジャングルの土壌も汚染され、食物を栽培していた現地住民の間には障がいを持って生まれてくる子供が異常に増えました。

この戦争はアメリカと旧ソ連の代理戦争と言われていますが、こういう世界の覇権を争う戦いには環境問題の〝か〟の文字すら微塵にも感じないほど人類は冷酷無慈悲になります。国家のプライドを懸けて全身全霊で戦うのです。

普段、いろんな花を栽培している庭園に笑顔で口笛を吹きながら水をまく人たちも、争いごととなると、全てを顧みず、何よりも最優先しようとします。要するに、プライドや生き方を否定される可能性があるとき、人は周りが見えなくなる生き物なのです。

実際、銃弾が飛び交っている最中に、世界中で行われている深刻な森林伐採のことが頭をよぎることはありません。そもそも、今の世界情勢では環境問題と戦争とは相容れないものであって、どちらが重要かなどという論議をすること自体、あまり意味がありません。残酷なことですが、現実にはきれいごとは言っていられないのです。

そのようなことから、「戦争ビジネス」は普通のビジネスと違って明らかに別格の存在になっているのです。

以前、「ウチの戦闘機も、ハイブリット機種にしたらいいのではないか」などと訳の分からない発言をした某防衛大臣が、党内や専門家たちから大きなひんしゅくを買っていましたが、これを聞いてあなたはどう思いますか？

日本人は感傷的な民族ですから、「さすが、小池大臣！」と賛同した人は多いかと思います（名前言っちゃってるし！）。しかし、一見正しいことを言っているように感じてしまいますが、世界中どこを探してもそんなうわごとを言っている国はありません。

日本は第2次世界大戦後から半世紀以上戦争をしていないため、戦争を身近に感じないどころか、戦争に対して全く無知な世代まで生まれてきました。しかし、その間にも世界では相変わらず戦争が繰り返されてきたのです。どこの国も戦争というものを身近に感じているので、人々はシビアな考えを持っています。彼らがこの発言を聞いたら、発想自体がナンセンスだと思うでしょう。

一国会議員でありながら、国家のアイデンティティを守る軍需産業が普通のビジネスとは違うことも分からないのです。「アメリカがライスなので、私はマダム・スシと呼んでくださ い」などと、奇抜なジョークを飛ばしたのはいいですが、そんな国防オンチに同等のポジションと見られてしまったライス国務長官は内心呆れているはずです（笑）。

また、そんな防衛知識に疎い人物を平気で防衛大臣にしてしまう日本政府を見て、海外の政治家は「オ〜！　不思議の国・日本！」と笑っているに違いありません。

艦艇ではポイ捨て、投げ捨て当たり前

当たり前のことですが、自然は大切にしなければいけません。ないがしろにしていると、い

ずれ我々にしっぺ返しがくるからです。

しかし、「戦争ビジネス」にだけは、これは当てはまりません。当てはまらないと言いますか、そう考えること自体無意味なことなのです。

もし、それができていたら、どこの国も武力を持たない平和な世界になっているはずです。つまり、戦争すること自体が自然破壊であって、環境問題を入れてしまうと戦争そのものを否定せざるを得なくなるのです。ですから、戦争と環境問題は相容れないものであって、論議することと自体が無意味なのです。そのため、自衛隊に関しても環境問題を入れてしまうと、実に多くの矛盾が生まれてきます。例えば、「海上自衛隊は海にゴミを捨てている」という事実があったら、自然保護団体は黙っていないでしょう。

実はこれは、法律できちんと決められているのです。海洋汚染防止法という法律に基づいて、日本では船舶からの廃棄物排出基準を細かく区分しています。

例えば、食物クズは領海の基線（海岸線で潮が一番引いた地点）から3海里以遠、12海里未満の海域においては、灰にするか、25ミリ未満に粉砕して排出しなければならないことになっています。また、金属やガラスのクズは同じ範囲内では、25ミリ未満に粉砕する必要があります。

このように、排出する海域から処理する方法まで細かく決められているのですが、領海の基線から12海里以遠の海域となると、廃棄物の排出方法は規定されていないのです。つまり、領海の基線から3海里以遠～12海里未満の海域では厳しく取り締まっているのに、それ以遠となると無法地帯の如く、どのように捨てても問題無しとしているのです。

要するに、人の気分の問題なのです。沖近くでゴミをそのままで捨てられたら、沿岸地域に漂着してしまいます。海水浴場にゴミが大量に流れ着いたら、誰だって気分を害するものです。遠くに捨てれば、人の目にはつきませんし、ゴミが捨てられる海域は汚染されますが、沿岸海域が汚染される心配はありません。無論、やっていることは同じなので、長い目で見ればいずれ我々にも害が及ぶでしょう。

そのため、海上自衛隊の各艦船は3週間以上の長い出航となると生活ゴミが大量に溜まるので、この排出基準に則ってゴミを海上投棄します。捨てる海域はもちろん、排出方法の限定されていないところです。忙しい業務の合間に大量のゴミを捨てるので、なるべくなら手間をかけたくありません。そうなると、わざわざ粉砕しなくてはならない海域よりも、そのまま捨てることができる海域で捨てたほうが、はるかに楽です。

日本の護衛艦は1年に1回ないし2回はアメリカ軍の高い訓練技術を肌で感じるために、合同訓練を行っています。はるばる、太平洋を横断して西海岸最大の軍港サンディエゴに行くのです。サンディエゴは地図を見ても分かるとおり、ロサンゼルス近辺の大都市で日本とはかなり離れています。そこに行くまでに何週間もかかるのは、容易に想像できると思います。そのため、着くまでに何回も海上投棄を繰り返します。空きスペースの無い艦内では、ゴミを大量に収納できる倉庫が無いのです。「巨大な倉庫を造ればいいじゃないか」と言う人がいるかもしれませんが、先ほども言ったとおり、そういう発想は軍事分野ではナンセンスなのです。

現在の戦闘兵器の流れとしては小回りがきくように、より軽量化し、どれだけ少ない燃料で最大の成果が出せるかというような方向に変わってきています。ステルスなどはそのいい例でしょう。海洋戦略で見ると、空母などの例外を除けば、巡洋艦や駆逐艦の分野では軽量化が進められてきています。そういうなかで、自然保護のためにゴミ集積の特別なスペースを設けようと考える専門家は1人としていません。

護衛艦としては海洋戦略上、自分たちの通った形跡さえ残さなければ問題ないので、水が染みこまないプラスチックやペットボトルなどのビニール製のゴミ以外は、全て海に投げ捨てます。ですから、紙類はもとより、自然消滅に何百年もかかると言われている空き缶も沈むということで海に投げ捨てます。こんなことをもう何十年と繰り返しているのです。

潜水艦に至っては、燃えるゴミと燃えないゴミとの区別さえありません。海中に捨てるので、全く分別する必要が無いのです。

また、潜水艦は隠密性が第1なので、絶対に居場所を知られてはいけません。そのため、海面に浮く可能性がある生活ゴミは、必ず「重石」を入れた頑丈な布袋に詰め込みます。海中投棄した後、海底深く沈むようにするわけです。なぜ、頑丈な布袋なのかは、安っぽいペラペラした袋だと深海魚に破られる危険性があります。破けた袋からゴミが出れば、海面に浮かぶので居場所を教えることになってしまいます。

しかし、これに環境問題を挟むと、頑丈な布袋では中のゴミが自然消滅するのが遅くなってしまうというわけです。

これは、海上自衛隊だけが行っているわけではなく、どこの国も事情は同じなのでほとんどの国の海軍がやっています。ですから、間違いなく海底には生活ゴミの山ができていることでしょう。そのうち、土が堆積して海底に空き缶の堆積層が形成されるかもしれません（笑えない話ですが……）。

この話を聞いてしまうと、毎日ゴミの細かい分別をしているのが馬鹿らしくなってくると思います。しかし、これは全く別の問題だと考えなければいけません。私たちには法律という決められた社会のルールがあります。決められた法律の内容には善し悪しがありますが、必ず根拠があるのです。「これはこれ、それはそれ」ということわざがあるように、いい意味で区別していかなければならないのです。

今回はゴミだけに関して言及しましたが、このように自衛隊のあらゆる活動に環境問題を組み込んでしまうと、自衛隊だけでもかなりの数になると思います。世界の軍事組織全てとなると、もうきりがなくなるでしょう。

ですから、軍需産業、または戦争に環境問題はタブーなのです。ハイブリットの戦闘機を造ろうとするのが、いかに無意味なことか分かっていただけたかと思います。

「デブ上自衛隊」！

心筋梗塞、脳梗塞、糖尿病、この三つを総称して生活習慣病と呼びます。昔は成人病という名前だったのですが、今は10代、20代前半で発症するケースが増えてきたので、適切ではないということで新しく名前が変わりました。

今の子供たちは、タクアンなどの漬物や生臭い魚を嫌い、肉類や揚げ物を好んで食べます。飲食業界でも、日本食のメニューは欧米食のメニューに比べて人気がありません。最も分かりやすいのが、全国津々浦々にあるファミリーレストランです。メニューの一覧を見れば、ほとんどのものが欧米食であることが分かります。コンビニに行っても、日本食のものは数では負けています。

このように、もはや日本人の食卓に日本古来の伝統的なおかずが上ることは少なくなってきています。昭和の一般的な家族の食卓と平成のそれとでは異なる国の食卓に思えるほど違っているはずです。

しかし、もともと農耕民族である日本人が、狩猟民族の欧米人の食べ方をするのは、体にとっていいことばかりではありません。体を形成する遺伝子が違うので、我々が小さい頃からステーキを一杯食べても、欧米人のように背が高くなるわけではありませんし、筋肉隆々になるわけでもありません。ただデブになって、病気になるだけです。

そのため、若いうちから生活習慣病にかかってしまう患者が増えて、今大きな社会問題になっています。また、移動手段が車や電車など、歩く機会も少なくなっているので、多くの人が慢性的な運動不足に陥っています。

もちろん、「社会の縮図」と言われる自衛隊も例外ではありません。自衛官は体を動かす仕事が多いから肥満者が少ないと思われるかもしれませんが、肥満率は一般社会と大して変わりません。なぜかと言うと、仕事内容がアナログからデジタルに変わってきているからです。つまり、自衛隊もコンピュータ化に伴い、体を動かす機会が以前よりも格段に減ったのです。

そして、自衛隊に入ってくるタイプの主流が、運動バカから頭でっかちに変わってきました。

これは、不景気のあおりを受けて、民間から漏れた人材が自衛隊に流れてくるようになったためです。頭でっかちはコンピュータ化にもってこいだったので、運動が多少できなくても事務処理ができれば問題ないという構図が出来上がったのです。

そのため、組織全体の肥満率は年々上昇しています。そのなかでも一番肥満率が高いのは、やはり海上自衛隊でしょう。

野戦訓練の多い陸自や戦闘機用の巨大な滑走路を必要とする空自は、どの基地も広い敷地を持っています。運動するスペースは充分あるし、環境設備も整っています。しかし、海自の仕事場は基本的に船の中ですし、出航すれば運動するスペースは限られてきます。陸自や空自に比べると、どうしても運動する機会が少なくなってしまうのです。

また、狭い艦内ではストレスが溜まるということで、献立のレベルが陸自や空自よりもグレードアップされています。海自だけ、1人当たりの食事代が高くなっているのです。

このおかげで今、海自では若年性デブが大量生産されています。艦内のラッタル（ハシゴのような階段）を「ハーッ、ハーッ」と息を切らしながらのぼるデブもいるし、訓練でちょっと走っただけで大量の汗を流すデブも、はたまた周りから「動けるデブ」と言われて笑っているデブもいます。艦艇乗組員の体重制限を超えている〝規格外〟のデブも、何食わぬ顔をして平然と乗っている状態です。そんな彼らは、メシを食べるときももちろん大盛りです。彼らを見る限り、「えっ！　自衛官なんですか？」と言わずにはいられません。一見、何の集団なのか分からないくらいです（笑）。

このような状態で、昨今盛んに言われている有事が起きたときに機敏に動けるのでしょうか。どう考えても、多少の弊害が生まれてくるでしょう。今のところ、上層部はメタボ量産に対して具体的な対策を打ち出していません。あまり、危機感を持っていないのでしょうか。

この場合、もはや海上自衛隊ではなく、「デブ上自衛隊」と呼んだほうが正しいのかもしれませんね（笑）。「いつまでもデブと思うなよ」と思っているそこの自衛官！　あなたは、多分一生デブのままですよ。間違いない！（長井秀和とは関係ありません！）

第3章　シャバの人が知らない海上自衛官の素顔

外出中の海自新隊員たち（呉市内）

酒の席では無礼講！　公に対しても無礼講！

年末年始になると、警察の犯罪捜査のドキュメント番組が、よく特番で放送されます。ひき逃げ事件や強盗、万引き、暴走族関連など、全体的にかなりシビアな内容になっていますが、その一方で、迷子探しや地震などの災害時の救助活動の様子を紹介するなど、心温まる家族番組の性格も持ち合わせています。

その中で、よく泥酔したサラリーマンやＯＬの情けない醜態が放送されていますが、私は個人的にここが一番好きです。呆れてしまいますが、何かほのぼのとした気分にもなるからです。普段はおとなしくて真面目そうな人が、「どうにでもなってしまえ」みたいな、いつもとは違う側面を見せるのが、この特集の面白いところです。その人の人柄が出るというか、ありのままの自分をさらけだすところが、実に痛快に思えてならないのです。

マニアックに言うと、人は普段は〝ＡＴフィールド〟を身にまとって生活しています。ですが、ある一定の酒の量を飲むと、リミッターが外れて〝ＡＴフィールド〟が消滅してしまうのです。そうなると、ありのままの自分を出すことができるというわけです。……『新世紀エヴァンゲリオン』を知っている人は、よく理解できたと思います（笑）。
泥酔という一種の病魔は、忘年会や新年会のシーズンに日本列島に大量に発生します。その勢いはインフルエンザに負けないほどでしょう（笑）。年末年始の風物詩とも言えます。当然、公務員である自衛官も1人の人間です。酒の席で間違ったことの一つや二つなどあって当たり前です。

自衛隊は仕事柄、職場仲間で酒を酌み交わす機会が多くあります。もちろん、男女問わず、女性自衛官であっても同じです。男性ばかりの職場に紅一点の彼女たちも、普段は慎ましい態度？ をとっていますが、酒が入ると皆と一緒にどんちゃん騒ぎをするのです（全ての職場がそういうわけではありませんが）。

しかし、いくら酒の席では無礼講と言っても限度があります。笑ってすまされないボーダーラインというものは少なからず存在するのです。常識を逸した行為や警察沙汰になるような行為がそれに当たります。情けないことに、自衛官が酒の勢いでボーダーラインを超えるトラブルを起こすことは、よくあることなのです。

例えば、道端で違う飲みグループに因縁つけて喧嘩をふっかけたり、コンビニの入り口で大騒ぎしたり、バスや電車などの公共の場で汚物を吐いたり、泥酔して路肩でホームレスみたいに眠ったりと、とにかく、そこら辺にいる無職のチャラチャラした若者とたいして変わらない行動を平気で取っているのです。

「プライベートだから、犯罪にならなければいいんじゃないの？」と思うかもしれませんが、公務員は一般人とは立場が違います。さらに自衛官は、そのなかでも特に厳しく見られる職です。プライベートでも、自衛官にそぐわない行為はしてはいけないのです。

一社会人として、またさらに国民の税金を食いぶちにしている公務員として、公の場所で他人に迷惑をかける醜態をさらしてはならないと考えるのが普通なのです。何も、肩身の狭い思いをして酒を飲めと言っているのではありません。自分の立場をいつも念頭において、常識の範囲内で行動しなさいと言っているのです。

それは、自衛官の守らなければならないモラルであり、〝紳士〟である彼らにとって、そんな態度は許されざる行為であると考えるべきなのです。

それは、トヨタやフジテレビなどの一般企業も一緒です。組織の一員である自分のプライベートで取った行動一つで、会社のイメージを変えてしまうことは十分あり得るのですから。組織にいる以上、個人の自由がちょっと束縛されるのは仕方が無いことです。それが嫌なら、ずっとフリーターで一生を過ごすしかありません。フリーターでいる限り、自由は享受できるはずです。

ですが、それには大きな代償がいります。ある程度の社会的地位を確保することや自分の家庭をつくる幸せです。それがいらないという人はフリーターのままでいいのですが、ほとんどの人は純粋な自由よりも、束縛があっても社会的地位の確保や家庭をつくることを望みます。

つまり、組織の一員ならば「こんなことをしたら、職場の仲間に迷惑がかかるな」という一種の恐怖心を、常に持たなければならないのです。それが国民に奉仕する公務員であるならば、なおさらです。自衛官であることを忘れ、一個人として行動するようなことはあってはならないのです。

威張り散らす「裸の王様」

これは、呉の場合なのですが、居酒屋にしろ、スナックにしろ、キャバクラにしろ、海上自衛官の評判は悪いです！　それは「ドカタ」の人間に匹敵するくらいと言われています（笑）。

彼らの店内のマナーはお世辞にもいいとは言えません。他の客がいるのに貸し切りくらいの勢いで騒いだり、悪酔いして店員に無理に絡んだり、最後に席を立った後はまるで台風でも通り過ぎていったかと思うくらいの散らかりようだったりします。酒の勢いで、完全に自衛官であることを忘れているのです。

無論、彼らの他人を無視した比類なきジコチューな振る舞いを見て、一般市民はいいイメージを持たないでしょう。騒いでいるのがチンピラみたいな兄ちゃんか、フリーターの若者でしたら、どこのどいつか分からないので、怒りの矛先を向けようがありません。しかし、自衛官だったら話している内容でも分かるし、地元の人たちは目が肥えているので髪型と服装を見れば一目で分かります。

服装は地味で端正、髪の毛はどんなに長くても絶対に刈り上げて、首筋をはっきり見せています。もみ上げも、たいがいテクノカットばりに短いです。ヒゲは伸ばせないことになっていますが、階級がある程度上位で年配の人になると、ヒゲをマリオみたいにきれいに整えていれば、伸ばすことが許されています。ちなみに、映画『亡国のイージス』で主人公を演じた真田広之さんみたいなヒゲボーボーで、ロン毛の海上自衛官はまずいません。以上、これが海上自衛官の外見の特徴です（参考になりましたか？　今度、街中で探してみてください）。

この評判の悪さに気がついている賢い者もいれば、気がついていないKY（空気が読めない）な者もいます。いまだに、評判が良くなっていないということは、まだ多くのKYなヤツがいるということなのでしょう。

こういうヤツは、たいてい自分のことを〝大物〟と勘違いしています。自分はどこにでもいる普通の人間とは違って特別だから、周りに気遣う必要などないと思っているのです。呉の海上自衛官の場合は、雇い主が一般市民だというのに、それを忘れて「オレは、第一線で命を張って仕事しているんだぞ」と威張り散らして、何をしてもいいと勝手に思い込んでいたりします。また、「オレたちが、国民を守っているんだぞ」などと、当たり前のことを恩着せがましく言っていたりします。

心当たりのある人は多いのではないでしょうか？　口に出さずとも思ったことはあるはずです。こういう勘違いヤロウは政治家にも多く見られます。周囲から認められたいという自尊心がモロ丸見えで、その根性が逆に己の器の小ささを物語っていることに気がついていないのでしょう。

そもそも〝命を張る〟というのは、海上自衛官の職務の姿勢として、ごく当たり前のことです。命を懸けて仕事をするから一般社会人と違い、特別な扱いを受けているのです。一般職よりも死のリスクが高いから、給料も割かし多く貰えているのです。それを、さもすごいことのように口に出したり、口に出さずとも、心の中で思ったりするのは愚かで恥ずかしいことです（小さい頃に、親から充分な愛情を与えられなかったのでしょう）。

例えるなら、消防職員が、「オレたちが、火を消しているんだぞ」と腕を組んで偉そうに言っているのと同じことです。だいぶマヌケな話だということが、お分かりいただけたと思います（笑）。

実は、彼らのように自分を〝大物〟とステキに勘違いしている海上自衛官は意外に多くいます（まさに、服を着たつもりになっている裸の王様と一緒です）。そういうヤツに限って、現場ではたいした仕事をしていないのですから始末に負えません。

常に謙虚で自覚ある行動を取ればいいのに、それをしないからいつまでたっても、飲み屋街での海上自衛官の評判が良くならないのです。ハメを外したい気持ちは分かるが、自衛隊に入ったからには覚悟しなくてはなりません。自分の仕事の義務も守ることができないのなら、自衛隊を辞めてほしいと思います。全ての職に共通することですが、ダラダラやるよりかは、いっそ辞めたほうが潔いはずです。

こんなに言われても、態度を改めないKYなヤツは絶対いると思うのですが、彼らはきっと髪の毛が真っ白で、ヨボヨボな体で、満足に食べ物を噛むことができなくなった頃に、この重大な事実に気づくことでしょう。私は哀れな彼らが、自分の本当の器を知る日が早く来ることを切に願っています。

一部の人間のせいで全体の印象は決まってしまいます。それが組織の短所であり、会社にとってウィークポイントなのです。ましてや、公務員である自衛官とあれば、その影響は思いのほか大きくなります。

例えば、フリーターがコンビニで万引きして御用になっても、マスメディアは決して騒ぎ立てません。話題性が全く無いし、そこから問題を発展させることができないからです。発展させるにしても生活が苦しかったからか、バイト先のストレスを発散させるためか、いずれにしろ読者にとっては興味が湧きにくいものになります。しかし、自衛官がこれと全く同じようなことをしたら、マスメディアはハイエナのように喰らいついてきます。話題性があるし、それを自衛隊の諸問題に結びつけることができるからです。

だから、常に〝24時間自衛官〟であることを念頭において行動しなければなりません。自分の意識をそこまで高めて、初めて1人前の自衛官として認められるのです。単に仕事ができればいいということではありません。モラルの問題です。

厳しいことを言っているようですが、世界に目を向ければそんなことは無いのです。

エリザベス女王が君臨する国、イギリス。この国の軍隊は志願制を採っています。社会的階級がしっかり決まっているので、下士官にあたる労働者階級はプロの兵士になりたいという強い意志を持っています。そのため、イギリス軍兵士は基本的に個人のスキルがハイレベルです。女王への忠誠心もあるわけですから、自己犠牲の精神も持ち合わせています。日本やアメリカのように、おカネ目的だけで志願しているわけではないのです。

そのアメリカはと言うと、人種のサラダボウルと比喩されるくらい移民の多い国で、色々な人種が志願さえすれば軍隊に入れます。人材の供給の心配はあまり無いわけです。

しかし、日本はそういうわけにはいきません。「日本国籍を有する者」でなければ入れないし、少子高齢化に伴い、人数には限りがあります。そうなると、少数精鋭を目指すしかなく、結果、先に武器のレベルを上げるアメリカタイプよりも、まずは個人のスキルのレベルを上げるイギリスタイプにシフトしていくことが重要になってくるのです。それにも関わらず、相変わらずマヌケな防衛省は、アメリカお下がりの高額な兵器をバカみたいに買い続けています。そんなことをする前に、自衛官の使命を自覚させる人材の育成に励むべきです。

つまり、海上自衛隊が今やるべきことは高いハイテク兵器を買い揃えることではなく、少しでも〝裸の王様〟を減らして、自衛官一人ひとりにしっかりとした心構えを持たせることにあるのです。

自立できない生活スタイル

一般市民は1カ月分の給料をもらったあと、まず簡単な1カ月の予定を立てます。もらった給料から今月分の家賃、水道と電気とガスの代金、携帯電話の料金、食費などを差っ引いて、残った分を貯金に回したり、遊ぶ金に回したりするのです。

なかでも貯金は、自分が不慮の事故に遭ったとき、または予定に無い急な出費のときに必要になるので、計画的にストックしておかなければなりません。また、貯金があるとないとでは精神的にも違うので、ある程度の額を入れておくことが大切になってきます。これが独身者であれば、なおさらです。

社会人の第一歩は1人暮らしから始まります。親から独立して、自由な生活をできる反面、自分の責任で色々なことをしなくてはなりません。ですから、1人暮らしは社会のルールや厳しさを、日常生活を通して学ぶことになるのです。

しかし、自衛官にはこういう機会はあまりありません。

基本的に公務員は民間よりも高待遇な傾向にあります。そのなかでも、突出して高い生活保障を受けているのは自衛官です。それは、まさに厳しい外気に触れることの無い温室でぬくぬくと育っているチューリップのような境遇に似ているのです。

これは海上自衛隊の場合ですが、海上自衛隊の編成は大きく艦船部隊と陸上部隊の2種類に分かれます。「えっ！　海上なのに陸上部隊があるの！」と不思議に思う人もいるかもしれません。

海上自衛隊には艦船に物資などを補給する大きな陸上基地や、整備や支援・補助を目的とした小規模の陸上基地が日本全国あちこちに点在しています。実は、意外に独自で航空機も持っていたりするから驚きです。そのため、海上自衛隊という名前なのに、陸上部隊と艦船部隊の比重はほぼ同じくらいと言われています。

このどちらの部隊に配属されても、自分専用のロッカーとベッドが支給されます。その他に、共用でテレビ、トイレ、洗濯機、浴場、乾燥機、筋力トレーニングルームなどを自由に使うことができるのです。このように、ある程度日常生活ができる環境がそろっているので、過ごしやすいでしょう。

とは言っても、艦船の場合は最低限の居住スペースしかないため、ずっと生活していくには少しばかり不便です。そのため、ほとんどの艦艇乗組員はアパートを借りようとします。

それに比べて陸上部隊は、数人が一緒の部屋に寝るようになってはいますが、艦船のようにスペースが狭いわけではないので、他人を気にしなければ快適に過ごせる環境にあります。アパートとの環境の大差が無いので、陸上部隊の隊員は寮で生活する場合が多いのです。それに食事に関しても、調理員に申請すれば、気兼ねなく朝昼晩3食、温かいご飯が食べられるようになっているので、自炊したり、コンビニ弁当や外食に頼る必要もありません。

とても優遇された保障を受けているではありませんか。

これは民間でも労働者に理解がある企業は、格安の社宅や社員食堂など似たようなことをやっています。ただ、自衛隊の驚くべきところは、民間では〝有料〟が当たり前の食事代金や会社寮の家賃が〝タダ〟で受けられるということなんです。自分の寝床にしろ、朝昼晩の食事にしろ、すべて〝タダ〟で提供されるのです。つまり、隊内の敷地内にいる限りは衣食住のうち、〝食〟と〝住〟が無料サービスというわけです。

だから、簡単に言えば、例え無計画に浪費して一文無しになったとしても、自分の所属する部隊で生活すれば、〝タダ〟で食事が提供され、〝タダ〟でベッドに寝ることができるのです。一般人からすれば考えられないことです。もし、貯金を全額使い果してしまったら、次の給料日までどうやって食いつないでいけばいいのかという、生きるか死ぬかの問題になるからです。

だから、多くの一般人は中長期的な予定を立てて、安い給料を計画的に分配します。当たり前の話だが、人間生きていかなければならないワケで、自然とこのような感覚は身に付くものなのです。必要経費を引いて、しっかり貯金して、そして余ったスズメの涙ほどのおカネで、自分の小さな幸せを楽しむのです。

まぁ、しごく当然のことで、社会人として持たなければならない大切な感覚なのですが、自衛官は過保護の親のような、素晴らしい優遇政策がアダなって、この大切な感覚を持つ機会が与えられず、結果、宇宙人みたいな生活観を持ってしまうのです。彼らが非常識と言われるゆえんでもあります。

すでに結婚している者であれば、比較的安心です。財布のヒモを妻（または夫）にしっかり握られているから浪費の心配はほとんどありません。しかし、独身者は抑制してくれる存在がいないので、使えるだけのおカネを無計画に使ってしまいがちです。目先の遊びに興味がいってしまう年齢の若い隊員であればあるほど、それは深刻です。

寄港地でギャンブル三昧

ストレスが溜まりやすい職場なので、競馬、パチスロ、マージャンなどに無作為におカネをつぎ込む、ギャンブル依存症になる隊員は多いと言われています。そういうヤツは後先考えず欲望のままに行動することがあります。実は、借金してまでギャンブルを続けることも、よくあることなのです。自己破産する例もあるくらいなのですから。

こういう隊員は「おカネが無くなっても、基地に帰ればいいや」という、パラサイトシングル的な発想をして、変な安心感を持つのでしょう。はっきり言って、いつまでも親のすねをかじっている自立できないヘタレと一緒です。甘える存在が親か自衛隊かの違いだけです。

そんな自立できない海上自衛官が、最もおカネをつぎ込むギャンブルはパチスロです。一般市民でもパチスロで浪費する人は多いと思いますが、彼らの場合は気合いの入り方が違います。

ボーナスが入って1カ月もしないうちに全部使ったり、約97万円の満期金全額をパチスロに平気でつぎ込んだりします。また、「原付バイクを買うくらいだったら、そのおカネでパチスロをやったほうがいい」と言って、いまだに移動手段が自転車という30代のおっさんもいれば、多額の借金をして部隊から〝上陸止め〟という処分を受けた隊員もいます（給料を管理され、基地内から外に出ることが許されない。実質軟禁状態に置かれること）。みんな、なかなかアグレッシブなことをやっているのです（笑）。

私が聞いた中で、一番ぶっ飛んでいたのは同じ職場の後輩でした。彼は沖縄に寄港した際、滞在期間3日間という短さで、何と１００万円近い負けをしたそうです。彼は笑いながら、「もう、これで辞めるから！」と言っていましたが、おそらく今日もどこかで打っていることでしょう（ちなみに、大卒で今年38歳だったかな）。彼にいたっては、何を考えているのか全く分かりません。また、広島のある陸上基地では、隊門から1歩出ると、10軒以上ものパチスロ店がところ狭しと並んでいるところもあります。それだけ、自衛官をカモにできるということなのでしょう。

艦船部隊に所属していれば、広報活動のために各地方の港に入る機会も多くあります。そこでも、外出した際に彼らが足早に向かうのはパチスロ店なのです。その寄港地の観光をするわけでもなく、どこにでもあるパチスロ店に行ってしまうのです。大音量のけたたましい音楽とネオンの光のなかで黙々と打つのがよほど好きなんでしょう。色々な寄港先で、毎回そんなことばかりしているので、「〇〇県はあんまり出ないが、〇〇県は結構出るんだよ～」なんて、各地方のパチスロ店の情報にムダに詳しくなります。もうパチスロの全国修行行脚と言ってもいいくらいです（それをして漫画に出てきそうな〝パチスロの境地〟なるものでも手に入れると言うのでしょうか）。

別に、他人の余暇の過ごし方にまでケチをつけるつもりはありません（私はそこまでウザい人間ではない）。また、パチスロが悪いと言っているわけでもありません。これだけの需要があるということは、大衆娯楽として優れている証拠です。

ただ、寂しい気持ちになるのは私だけでしょうか。もっと他で楽しむことはできないものでしょうか。海上自衛官は遊び方がヘタクソです！

昨年、坂東眞理子氏の著書『女性の品格』が２００万部突破の大ベストセラーとなりましたが、「男性の品格」という本は出版されないのでしょうか。そういう本が出たら、真っ先に彼らに読んでもらいたいと思います！　もちろん、私も読みます！

恥ずかしい制服外出

真夏の風物詩である、セミの鳴き声を聞くことができるのは8月の初旬です。日差しが強く、ただ立っているだけで汗ばんでしまうその時期に、初等海士教育課程の修業式は行われます。会社でいえば、新入社員が研修を終えたところです。今から10数年前、私もそこで修業式を迎えました。

長野からはるばる神奈川まで来た両親は、セーラー服姿の私を見て、「カッコいいね！ 別人みたいだ」と、大絶賛していたのを今でも覚えています。その気持ちは素直に嬉しかったし、照れくさいものでした（笑）。しかし、正直なところ、セーラー服姿を見られるのはとても恥ずかしかったのです。

海上自衛隊に入隊して、最初に受ける教育課程を初等海士教育と言います。この教育期間の約4カ月間は学生身分であるため、外出する際の服装は原則セーラー服になります。つまり、セーラー服姿で、街を闊歩するということです。あなたはコスプレみたいな格好で、人の目を気にせずに普通に街を歩くことができますか？ コスプレが趣味の人、または自衛隊マニア以外で考えると、ほとんどの人が恥ずかしくて歩けないという意見ではないでしょうか。

変な話ですが、海上自衛官である本人たちも恥ずかしいのです。あまりにも恥ずかしいから、わざわざ私服をバッグに入れて、基地から出た後に公衆トイレなどで着替える人間もいるくらいなんです。

さらに、この恥ずかしさに拍車をかけるのが一般市民の視線です。自衛官の制服姿が珍しいのか、慣れていないのか、自衛官とすれ違うと2度見したり、振り返る人間は多くいます。自衛隊の基地がある街の市民は、ある程度見慣れているのか、そこまでひどく凝視したりしません。しかし、ちょっと遠出でもしようものなら、免疫の無い人はマジマジとこちらを凝視するのです。

それもそのはず、そもそも一般市民が自衛官の制服姿を生で見る機会はほとんど無いのですから。アメリカなら、街で普通に見かけるし、制服姿のままレストランで食事したり、結婚式の正装に使ったり、バーでお酒を飲んでいたりします。ですが、日本ではなぜか、制服姿で街を歩いている自衛官を見ることは無く、まして居酒屋でお酒を飲んでいる姿も皆無です。

実は、これには敗戦国ならではの事情があるのです。

敗戦国日本は、戦後永らく過去の戦争における罪悪感にさいなまれてきました。アメリカがそういう風潮にしたとはいえ、従順なこの国の民は単純に〝旧日本軍は悪〟という教えを簡単に受け入れてきました。言論の自由とかぬかしていたくせに、情報を提供するマスコミでさえもアメリカの考え方に迎合せざるを得ず、それが国民の自衛隊に対する偏見に拍車をかけたのです。

そのせいで、日本人は少なからず武装アレルギーなところがあります。日本の近代歴史の戦後教育は「臭いものには蓋」主義を貫いてきたし、アメリカ仕込みの「第2次世界大戦の日本は悪」という間違った歴史認識を半世紀近くも教えられてきたため、中国や韓国に批判されても、反論することなく常に謝り続ける政府の態度に、疑問を投げかける日本人はほとんどいませんでした(最近は、やっとマスメディアでも今までの偏った歴史認識に異を唱える風潮が出てきたし、歴史教科書を見直す国際的な取り組みも出てきたようですが)。

そして、そもそも自衛隊があまり一般社会に浸透していないために、依然として旧日本軍と自衛隊を重ねる人は多くいます。そんな状態だから、イラクに派遣をしただけなのに、「軍国主義に戻る」とマスコミや平和団体が騒ぎ立てれば、大衆は素直にそれを受け入れてしまうのです。このような国民感情を配慮して、今まで自衛隊は制服を外部に露出することを極力控えてきました。何せ、今でも制服での通勤が禁じられているくらいです。

そのため、自然と一般市民が制服を目にすることも無く、見ようと思ってもそうそう見れるものではなかったのです。

こういう経緯もあってか、制服姿で外出すると、一般市民が熱い視線を注ぐのです。ただし、〝熱い〟と言っても憧れや羨望のまなざしで見るのではなく、えたいの知れない不気味なものを見るような感じで、こちらに目を向けているのです。チャラチャラした若者になると、こちらを見て笑ったり、ひどいときは、「何あのカッコ！　キモいし！」なんて暴言も吐かれたりします。

おそらく、若者のほとんどは自衛官の〝制服姿はカッコ悪い〟と思っているはずです。着ている当人たちでさえ、そう思っているのですから。正装なので結婚式や葬式にも使えるのですが、積極的に使おうとする人間はいません。

でも、アメリカ軍の兵士が着る〝制服姿はカッコいい〟と思うはずです。明治時代から日本人が西洋人に憧れていることも、そう思う原因の一つではありますが、それ以上に大きいのは戦勝国であるアメリカのやることは、何でも肯定してしまう思考が自然に働いてしまうということです。逆に、敗戦国である日本のやることはとりあえず何でも否定から始めてしまいます。偏った教育をされてきたために、自国のことを自虐的なまでに批判するクセができてしまったのです。

ですから、多くの日本人は、本能的に自衛官の制服姿をカッコいいとは思わないのです。イラク復興支援という大義の下、やっと表舞台に出られ、スポットライトを浴びることはできましたが、これからもまだまだイメージアップを図る必要があります。

近年は、艦船や戦闘機の一般公開、マスメディア向けに軍事演習などを公開していますが、とても良いことです。かつては、そんなことをしたら真っ先に平和団体や左翼から批判されてきましたが、世論の変化とともにそういう動きも少なくなってきました。

もっと国民に広く理解してもらうためにも、色々な取り組みをしなければなりません。国民が自衛隊に関する知識を多く持てば、いろんな面で活動しやすくなるからです。そうすれば自衛官の制服姿が日常に溶け込み、制服で通勤することもできるようになるでしょう。いつか制服姿で居酒屋に入る時代も来るかもしれませんよ（笑）。

自衛官で潤う呉の街

呉は海軍と共に成り立ってきた軍港の町です。戦後、自衛隊が発足した後も呉地区は引き続き海上自衛隊の拠点として、国からもたらされる莫大な税金で潤ってきました。最近になって、地域の特色である海上自衛隊を活かした一大観光産業を興そうと、色々な取り組みを始めています。

代表的なものは、戦艦大和をはじめとする旧日本海軍の戦艦などを展示している「大和ミュージアム」。国内では初となる、廃艦となった潜水艦を陸上展示している「てつのくじら舘」の2カ所です。この周辺は休日ともなれば、何台もの観光バスが往来して、多くの観光客でごったがえしています。最初は一過性のものでしかないと思っていましたが、予想に反して、今でもなお盛況です。

こういう取り組みが行われていることからも分かるように、呉は基本的に自衛隊の存在を歓迎している街です。ここに関しては、沖縄の普天間基地問題などに見られる地元住民との大規模なトラブルは皆無と言えます。

また、呉地区の海上自衛官は、呉市と隣接する江田島市を合わせると数千人にも上ります。その家族や親類、海上自衛隊と何らかの取引をしている各業者を合わせれば、おそらく数万人の規模に達するでしょう。何と、これは呉市の人口の10分の1にも及ぶ勢いなのです。彼ら全員が、国民の税金の恩恵を受けているのです。

この街の産業は、この不況のなかであっても〝景気の変動に関係しない大口の顧客〟がいるので、他の地域に比べて安定した収入を得ているはずです。ホントに手を合わせながら、「自衛隊様々」と言っていいくらい、海上自衛隊に依存しきっています。ですから、小さなことを除けば、海上自衛隊と地元住民は「持ちつ持たれつ」でうまく付き合っているのです。

店の形態も一番の大口顧客である彼らをターゲットにしたものが多いのです。どんな店かというと、パチスロ、居酒屋、スナック、キャバクラです。そういう店を誰が利用するかというと、毎年、各地方から集められてくる千人を軽く超える大量の新米自衛官たちです。若い彼らのほとんどは独身で、おカネを持て余しているうえに遊びたい盛りです。

先輩にパチスロ店に連れられて、おカネを賭ける楽しさを知り、暇さえあれば刺激を求めて通うようになります。

それに知らない土地では、女の子のツテを探すのにも一苦労です。かと言って、そんなことをする暇も無いくらい、覚えなければならない仕事が山ほどあります。そんな環境のなかで女の子の知り合いをつくる手っ取り早い方法と言えば、スナックやキャバクラなどの女の子がいる店に行くしかないのです。

それに、何かにつけて宴会をしたがります。普通の飲み会だったらいいのですが、送別会や歓迎会などになったら、その盛り上がりは激しさを増します。１次会は居酒屋で、２次会はスナックかキャバクラで、３次会になったら「オレの行きつけの店に行くぞ」と言ってハシゴして、結局、気がつけば次の日になっている……。こんなことは当たり前で、こんなアグレッシブなことを１カ月に１回はやっていたりします。

民間の人たちよりもカネ遣いが荒いので、店の人間にとっては大盤振る舞いしてくれる大切なお客様です、少々やんちゃされても目をつぶってくれます。また、年配の隊員ともなると、数軒のスナックのママと顔なじみ、または親しい間柄になったりします。それくらい通いつめているということです。

ともかく、呉の夜の繁華街には、毎日必ずと言っていいほど海上自衛官が顔を赤らめてうろうろしています。そんな状況を見れば、このような性格の店が大繁盛するのも頷けます。

しかし、私の上司に言わせると、「昔はまだ人がいっぱいいたよ。今じゃ飲み屋もどんどん潰れて空き店舗が多いし、寂しくなっているよ」ということらしいです。15～20年前はどうだったというのでしょうか。私には今でも羽振りが良いように見えるので想像できそうにないものです。

ハンパじゃない飲み屋のママの情報力

さて、そんな酒の席ではついつい本音が出てしまいます。上司の悪口、仕事に対する不満、恋煩いなど、あげればキリがないが、色々な悩みをぶちまけて、気の合う仲間で楽しいひと時を過ごすのです。酒の勢いで向かったスナック、キャバクラでは、相手をする女の子に舞い上がって、自分がどんな仕事をしているのか聞いてもいないのに話し出します。そうやって苦労話や自慢話をしているうちに、たいがいはうっかり機密事項も喋ったりしてしまうのです。女の子に「それって喋っちゃいけないんじゃないの？」と言われると、調子に乗って「ここだけの話だよ」なんて答えて、さらに喋る有様です。

一般的に、これを〝情報漏えい〟と呼んでいます。ちなみに、この言葉は防衛省の今年の流行語大賞になるでしょう（笑）。この現状に驚かれる人は多いと思うのですが、こんな会話は飲み屋の席では日常茶飯事です。話の流れでつい喋ってしまうとはいえ、軽率であることには違いありません。

例えば、艦船の出港日や入港日などは機密事項で外部に漏らしてはいけないことになっていますが、海上自衛官は飲み屋で普通に話しています。

まるで実家に帰省するときに、「いつからいつまで実家にいる」みたいなテンションで、「いつからいつまで出航している」と気軽に話してしまうのです。親しいスナックのママに、「今月、誕生日があるね。その日は来れるの？」と聞かれれば、「今月は出航することが無いから大丈夫だよ」とか、「この日に出航するけど、この日には入港するから余裕だよ」と、気軽に艦船の行動予定を喋ります。なかには、複数の艦船の出入港の日にちを知っているママもいるくらいです。ここまでくると、もはや笑うしかありません。

これは実戦経験が無いゆえに起きる事象と言えます。海外の軍隊であれば、情報管理は徹底して教育しているだろうし、情報漏えいが厳罰に処されることは常識になっています。だから、もし情報漏えいするにしても、それだけのリスクに見合う報酬をもらわなければ誰もやろうとはしません。しかし、日本となると、懲戒免職や減給などの処罰があるにはありますが、命にまで危険が及ぶ海外と比べると鼻くそレベルです。日本の法律が防衛機密情報の価値を軽視しているため、その罰則も緩いものになっているのです。

こんなマヌケな状態だから、飲み屋のママに世間話レベルで、しかもタダで喋ってしまう海上自衛官が出てしまうわけです(喋るなら、せめておカネを要求しなさい!)。

この話は、200年以上も鎖国していた江戸幕府の〝井の中の蛙〟状態を示すマヌケな出来事に例えることができます。幕府はアメリカと貿易する際に、ドル札と小判を互いの国の通貨として同等の価値があると考えました。つまり、長い間、ただの紙切れと金の塊を交換し続けたのです。結局、世界から〝黄金の国ジパング〟と呼ばれるくらいあふれていた金は、ずる賢いアングロサクソンに根こそぎ持っていかれました。その金の価値が今うなぎ登りで上昇しているから、とても笑える話ではありません。

海上自衛官の情報漏えいも、これと全く同じことです。自分たちの持っている情報の価値を理解していないから、簡単に外部に漏らしてしまうのです。その情報をのどから手が出るほどほしがっている国が、すぐ隣にいるというのに……。

このままでは、ヘタすると防衛上致命的な機密情報が流れてしまうかもしれません。もう流れているかもしれませんが……。「歴史は繰り返される」なんていう名言もありますが、そうならないようにしてほしいものです。

第4章　艦艇乗組員は高待遇のオンパレード

マンション並!?　の呉市内の「乗員待機所」

高待遇の艦艇乗組員

自衛官の給料は、何を基準にして設定しているのでしょうか？

言われてみれば気になるところです。就職するときに、自衛隊の広報パンフレットを見た人は、初任給の高さに驚いたはずです。それに惹かれて入隊した人も多いのではないでしょうか。というか、半分以上がそういう動機だと思います（私もその1人でした）。

一応、自衛官の給料は景気に合わせて流動的に設定されています。何を基準にしているかというと、だいたい同じ労働量と思われる職業の民間企業数社の給料を参考にして設定しています（詳しい計算の仕方は分かりませんが……）。

簡単に言えば、バブルのような好景気時は高くなって、今のような不景気時は低くなるようになっています。また、公正さを保つように、対象となる企業は毎回ランダムに決められています。

しかし、いつ景気が良くなるか、または悪くなるかというのは、細木数子さんくらいにしか予想できないので、給料の上げ下げは常に後手になります。つまり、対象としている民間企業の給料が上がってから数年後に、ようやく自衛隊のほうも給料が上がり、下がるのは逆で、民間企業が下がってから数年後に、自衛隊も下がるようになっています。

多くの一般人は、自衛官の給料は景気に関係なく常に一定に保たれていると錯覚しがちですが、それはタイミングの問題であって、きちんと民間企業に連動して変化しているのです。

しかし、いくら民間企業の給料を参考にしているとはいえ、多くの人が「自分たちのもらっている給料との差がありすぎる」という意見を持っているはずです。確かに、高いのは事実です。

何でそうなるかというと、資金的に潤沢している大手の優良企業ばかりを参考対象にしているからなのです。そのような大手企業の人間は、日本経済の労働人口からすれば10分の１にも満たない少数派です。その他の大多数の人間は、低賃金で雇われている中小企業で働く者、または個人事業者なのですから、一般市民のほとんどが、自衛官は自分たちよりも給料が高いと感じてしまうのです。

さらに、さきほど景気に連動していると言いましたが、参考にしている大手企業は中小企業と違い、多少の景気の変動にはビクともしませんから、連動の幅はかなり限られています。給料がグンと伸びることが無いかわり、ガクッと下がることも無いということです（公務員だから、しごく当然のことなのですが……）。

また、毎日仕事はしているのですが、自衛隊は〝国の保険のような存在〟で、国民に理解されるような成果をあげる機会が全くと言っていいほどありません。これも給料の不平不満に拍車をかけています。「何をしているか分からない連中が、どうしてあんな高い給料をもらっているんだ？」という意見もあるように、昔から〝税金泥棒〟という笑えないあだ名を付けられているくらいです。まぁ、あながち外れていないのかもしれませんが。

私が所属している海上自衛隊では、水上艦艇や潜水艦の乗組員になれば、この高い給料に「乗り組み手当」という名目で、さらにおカネが上乗せされます。

次の数字は海上自衛官の給料の例です。数百円の細かい数字を抜きにして、おおよその金額を記してみました。乗り組み手当てのパーセンテージは平成19年度のものです。人件費がかかり過ぎていることが批判されているため、このパーセンテージも若干下げられる方向にあります。

＊乗り組み手当

水上艦艇（護衛艦、掃海艇、補給艦、イージス艦等）　基本給の約33％
潜水艦　（ゆうしお型、はるしお型、おやしお型等）　基本給の約45％
パイロット（ヘリ、戦闘機）　初任給の約60％

・**水上艦艇員の場合**（約33％）

年数	階級	基本給	乗組手当	総支給
1年目	2等海士	163000	54000	217000
3年目	海士長	184000	61000	245000
5年目	3等海曹	212000	70000	282000

・**潜水艦乗組員の場合**（約45％）

年数	階級	基本給	乗組手当	総支給
1年目	2等海士	163000	73000	236000
3年目	海士長	184000	83000	267000
5年目	3等海曹	212000	95000	307000

・**パイロットの場合**（約60％）

年数	階級	基本給	乗組手当	総支給
1年目	2等海士	163000	98000	261000
3年目	海士長	184000	98000	282000
5年目	3等海曹	212000	98000	310000

この数字を見て、海上自衛官になりたいと思った方もいるのではないでしょうか。確かに、この高い金額は大きな魅力です。

見えない給料の「現物支給」

そして、さらにおいしい話があるのです。人間が生きて行く上では絶対に必要な、あるものにかかる費用がほとんどないのです。それは子供の多い親にとって頭痛のタネとなる手ごわい存在、家計の敵〝食費〟です。

何と、海上自衛隊の独身の隊員は、基本的に朝昼晩の食事をタダで食べられる権利を有しています。水上艦艇や潜水艦に乗っている隊員に至っては、独身者でも既婚者でも朝昼晩の食事をタダで食べられるのです（これは海曹と海士のみ、幹部は食費を払わなければならない）。

これは独身者にとっては助かることこのうえ無いことでしょう。タダで温かい食事が提供されるのですから、彼女のいない独り身の人間は、家でコンビニ弁当を食べるようなことをしなくてもいいのです。既婚者でも艦艇乗組員なら、朝飯と昼の弁当を奥さんが作らなくていいので、家計の負担はだいぶ軽減されます。

また、自衛官の着る制服、作業服、靴、ジャンパーなどの仕事着も全部タダで貸与されます。そのかわり、退職するときにはきちんと返納しなければなりません。靴下やパンツ、Tシャツなどの消耗品だけは例外で、返納しなくてもいいことになっています。つまり、繰り返し使える物ではないからタダであげますよ、というわけです。

一般社会人は独身者は社員食堂や近くの大衆食堂、既婚者は手作り弁当なのが当たり前です。どこに、食事を無料で提供する太っ腹な会社があるでしょうか（あるかもしれないが……）。会社に着ていくスーツや作業服などの、職業上必要な衣服も全て自分ひとりで揃えなければいけません。

民間の人間がこの手厚い待遇の内容を聞いたら、「仕事で着る服くらい、自腹で買ってくれよ」と腹が立つのを越えて呆れ返ってしまうに違いありません。

そして、このようなタダで提供されるものが多いということが何を意味するかというと、給料明細の数字に浮き出てこない「現物支給」が多くあるということを示しているのです。「現物支給」とは、おカネがモノに替わって支給されることを意味します。つまり、この本来かかるはずの食費、衣服代、家賃などがかからないことを考慮すると、実際には給料明細以上の金額を受け取っていることになるのです。

毎月かかる食費だけでも金額にすると、安くてもプラス3万は堅いはずです。単純計算で1

日3食1000円としても、成年男子の食事代としてはギリギリのラインです。

また、独身隊員のなかには、アパートを借りずに基地内の寮に寝泊りしている者もいます。彼らに至っては、アパートの家賃とガス・電気・水道代5万くらいは浮いているはずです。

是非、この数字を先ほどの給料の表に足してみてほしい！　するとどうでしょうか。もはや腹が立つ以上に呆気に取られはしまいか。果たして「現物支給」を全て享受して、最大でどれくらいもらえるかというと、独身でアパートを借りていないと仮定した場合、1年目の新米隊員でも艦艇乗組員であれば、月収30万円近くにまで達してしまうのです。

これが、年間防衛予算である約5兆円の半分が、隊員の食費や人件費に消えている原因の一つなのです。いくら防衛予算が先進国の中でも多いと言われても、使い方の内訳がマヌケだから、実際の装備は先進国の中で最低ランクに違いないはずです。既存の使用している機器は、ほとんどが旧世代のものばかりなのですから。

また、中国の防衛予算が年々増加していますが、まだまだ日本には遠く及ばないとされています。確かに金額的には及ばないでしょう。しかし、中身を見れば実質、既に中国に追い越されていると私は考えています。そして、その国に莫大な援助をしているマヌケな日本は、やはり不思議の国なのでしょうか。

さぁ、この不況の時代に世の進路に悩む若者たちよ、これだけの高待遇が保障されている職業は自衛隊しか無いはずです。その中でも海上自衛隊には目を見張るものがあります。安心して海上自衛隊に入りなさい！

医療費はタダ

日本は言わずと知れた借金大国です。国の財源が逼迫しているため、政府は地方の切り捨てにかかったり、様々な名目をつくって国民から税金をむしり取っています。

他に類を見ないジコチューなお偉い先生方（国会議員）は、借金大国にした張本人である官僚たちに、言われるがままに無為無策を続けてきました。その失態のツケを国民にまわすものですから、ツケをまわされる方はたまったものではありません！

完全に破綻している年金システムに関しては、まともに受給者に渡せないくせに年金を納めない若者には、「納めない若者がいるが、けしからんことだ」と批判して、すっかり自分たちの失態を棚にあげている状態です。相手が約束を守らないと分かっていて、約束するバカな人間はいません。それを批判するのは〝狂気の沙汰〟としか言い様がありません（笑）。

道路公団の問題にしても、官僚による無駄遣いが露呈しているにも関わらず、タヌキ先生たちはその場しのぎの無茶な言い訳をして、問題を解決する姿勢が全く見えません。本当に1万4千キロもの新しい道路が必要なのでしょうか？　おそらく、本当に必要としているのは道路そのものでは無く、官僚たちの天下り先の確保なのでしょう。

また、最近ニュースで度々取り上げられている薬害肝炎訴訟。このような国を相手にした裁判のケースでも、裁判所自体が官僚社会に組み込まれているので、簡単に国の非を認めようとはしません。原告側がマスメディアを使い、徹底的に世論に訴えたことが功を奏して、賠償金を取ることができましたが、世間が騒がなければ、この問題はうやむやにされていたでしょう。判決の内容も違っていたかもしれません。裁判所自体が公正さを欠いているのです。

このように、国ぐるみで色々な詐欺まがいなことをしているくせに、自分たちのことは完全に放置プレイしている状態なのです（笑）。

そんなステキな政府が税金をむしり取るための政策の一つに、病院で診察を受けるサラリーマンの医療費の負担を2割から3割に増やしたのは、読者の記憶にも新しいはずです。これによって、治療を受けることが大変になる患者は増えることでしょう。ついに、国が雇い主である国民の切り捨てにかかったのです（これは誇大表現ではない、実際にそうしたいのですから）。これでは病院に行くのにも、ちょっと足を止めてしまうというもの、サラリーマンにとっては手痛い出費になります。

さて、高待遇である公務員の中でも特別な計らいを受けている自衛官は、医療費に関してはどうなっているのでしょうか。

実は、自衛隊内の病院であれば、基本的に全て〝タダ〟になっているのです。一般市民が高くなった治療費に四苦八苦しているご時世に、タダで治療を受けて薬をもらっているのです。まさに、超VIP扱い！　もちろん、治療費も薬代も調達するのにはお金がかかっています。そのお金はどこから出てくるかというと国民の税金なのです。

つまり、陸・海・空自衛隊の隊員約25万人にかかる全ての医療費を、国民が負担していることになります。果たして、自分の生活に余裕があるわけでも無いのに、全く関係ないアカの他人の治療費を肩代わりする情け深い人間がいるでしょうか？　そんな聖人みたいな性格をした人間など現実にはいません。

どうやら、様々な名目で多くの手当てをもらっているのにも関わらず、医療費までタダにしなければならないくらい自衛官の私生活は逼迫しているようです（笑）。

さらに、彼らにはおいしい話があります。例えば、仕事中に怪我をしたら労働災害扱いで保険が下ります。もらった保険の代金は普通だったら治療費に充てられるはずなのですが、自衛隊の病院は治療費ゼロなので保険の代金は患者の懐にそっくりそのまま入ります。腕や脚の骨折の場合では軽く数万円はいくはずです。臨時収入のような感覚で保険金を手に入れることができるのです。

そもそも、保険金は患者の治療費を軽減することが本来の目的ですから、自衛官の場合は全く違う形で受け取っていることになります。厳密に言えば、治療費がタダなのだから保険を受け取る権利は発生しないはずなのです。しかし、怪我をしたという事実があるため、契約している保険会社は保険金を払わなければなりません。

ですから、多くの自衛官は軽い怪我（切り傷、骨折など）であれば、なるべく自衛隊内の病院で治療を受けて、治療費に充てる保険金をまるまる手に入れようとします。これは自衛官の間では常識となっています。

私の先輩にも、保険金をまるまる手に入れた人がいますが、彼は水上艦艇の高所作業中にハシゴから転落して、腕の骨を折る怪我をしました。隊内の病院で診察してもらったので、治療費は全くかかりませんでした。それからしばらくして、ビッグスクーターをキャッシュで購入したという話を聞いたのです。購入金をどこから捻出したのか聞いてみると、労働災害で下りた保険金から出したそうです。つまり、もらった保険金がまるまる購入したビッグスクーターの元金になっていたのです。

そしてさらに、自衛官の扶養する家族にもおいしい話があります。家族もまた、治療費免除で〝タダ〟で診察を受けることができるのです。手続きが色々あるみたいですが、医療費が高くなっている今、無料で診察してくれるのだから、家族は目の色を変えて飛びつくでしょう。ですから、これから結婚を考えている人は相手を自衛官にすると良いでしょう。将来かかるであろう莫大な医療費が全て免除されるのですから。

よくよく考えると、純粋に自衛官のためだけの病院であるはずなのに、自衛官ではない民間人がタダで治療を受けているのはおかしな話です。家族といえど、例外ではありません。国が大借金抱えているっていうのに、この組織はいまだに採算度外視で、大判振る舞いでサービスしまくっているのです。国民の生命と財産を守るはずの自衛隊が、守るどころか、生命と財産を奪おうとさえしているのです。

「何で、公務員だけ優遇されるのか？」と思う方もいるかもしれませんが、政府は増税するとき、比較的、簡単に税金が取れそうなところから、増税していきます。最近、記憶に新しいのは、サラリーマンをターゲットにした増税です。医療費もしかり、政府はとりあえず一般社会から絞り取ろうとします。公務員、とりわけ自衛隊に手を出すのは、おそらく一般社会から絞れるだけ絞り取った後になるはずです。

「自衛隊に関しては聖域なのか？」という意見はいつも出てきますが、全くそのとおりです。相変わらず、票の獲得しか頭に無い政治家は、安定した大票田の自衛隊、各々の公務員の票を失いたくないのです。そんなこんなで、政治家（特に自衛隊族議員）が己の保身の為に歪んだ政策をしているため、公務員、その中でもとりわけ自衛隊の生活保障が際立って優遇されているのです。

バブルの頃に一般企業の待遇が良くなったのに連動して、自衛隊も色々な手当てをつけて待遇を改善しました。バブルが崩壊したあとも、その基準のまま継続しているのではないでしょうか。

まぁ、普通に順序良く考えれば、サラリーマン増税や医療費の負担増をする前に自衛隊の高い保障を先に改めるのが妥当です。相変わらず政府のやることは、ベクトルの方向が180度ずれています（笑）。

高すぎる人件費

海上自衛隊の採用制度に任期制自衛官というものがあります。隊内の間では、彼らを〝練習員〟という名称で呼んだりもします。この任期制自衛官の制度内容は、まさに税金を湯水の如く使っているという表現にピッタリと言えるでしょう。

任期制自衛官は、この言葉からも分かるように自衛官のアルバイトみたいな採用制度です。

この他にも色々な採用制度がありますが、どの制度も２等海士から海士長までは、全員がエスカレーター式で昇任できるようになっています。

ですから、どんなに頭が悪いヤツでも、メタボリックを体現しているデブいヤツでも、トラブルを起こす何か足りないヤツでも、近寄りがたいキモいヤツでも（おっと、これは関係ないか）、全員が海士長までは難なく昇任することができるのです。

任期制自衛官の場合は２等海士から１等海士になるまでに約９カ月、さらに１等海士から海士長になるまでに約１年間かかります。最低でも２年弱はかかるわけです。

そして、海士長の上に位置する階級が３等海曹で、ここから兵士クラスから下士官クラスに種類が変わります。ゲームの『ファイナルファンタジー』で言うなら、見習い剣士から騎士かパラディンになるような感じ、とでも言っておきましょうか。エスカレーターはここで終わり、海士長から３等海曹になるには、倍率の高い昇任試験をパスしなければなりません。

なぜ、試験に合格しなければ３等海曹になれないかというと、それは３等海曹から上の階級が、一般企業でいう正社員の位置に当たるからです。海士長以下はアルバイト、もしくは契約社員みたいなもので、海上自衛官としての将来を約束されている身分ではありません（ただし、契約社員よりも待遇はいい）。

ゲームでも一生懸命レベルを上げなければ、上位クラスに変身することはできません。それと同じことです。ただし、任期制自衛官以外の採用制度で入隊した者に関しては、ほぼ完全に正社員になれるということが入隊時より保障されているので、彼らの場合は準正社員とでもしておきましょう。

ですから、あなたの知り合いの中に「私の彼氏って海上自衛官っていう公務員だから、将来は安心だよね〜」と言っている、ピン芸人の小島よしおよりもバカ面した友達がいたら忠告してあげてください。その彼氏の階級が海士長か3等海曹か、または任期制自衛官なのか、そうではないのかで、友達の将来はだいぶ変わってきますよ！

では、任期制自衛官コースの海上自衛官たちは、正社員になるために昇任試験に合格しようと頑張っているかというと、必ずしも全員がそういうわけではありません。

そもそも、アタマが悪かったから他の準正社員コースにいけなかったわけではなく、「海上自衛官として一生過ごしていくつもりは無い」という動機を持つ人間が、このコースを選んで入ってくるのです。そこそこいい大学を出ているのに、わざわざこのコースで入隊してくるヤツもいるので、そういう動機で入ってくる人間が主流であることは間違いないはずです。自衛官という職業が一般社会化して、市役所の職員や学校の先生と同じレベルで見られるようになってきたということです。

そんな、将来の保障が約束されていない制度を選んで入ってくるヤツが何でいるのかというと、その制度のウラには莫大な補助金の存在があるのです。

それは〝満期金〟と呼ばれています。

任期制自衛官コースで入った者は契約社員のように、ある一定期間働く契約をします。期間が過ぎても続ける意思があるなら再び契約し、転職を希望するなら契約しないといったことができます。その続けるか、それとも辞めるかの意思を3年、または2年の周期で自衛隊に伝えなければなりません（任用期間は陸が2年、海空は3年で以後は2年ごとに更新）。

契約した期間働くと、この〝満期金〟が特別退職手当という名目で支払われます。本人の希望で任期満了にならないうちに辞めても、その勤続期間を通算した金額をもらえることができるので、隊員にとってはありがたいことです。

この〝満期金〟と呼ばれる補助金は、勤続年数3年で約97万円、5年目で約141万円、後は2年毎に相当額をもらうことができます（果たして、自衛官という職業はこんなに生活費が必要なのでしょうか?）。

公務員だから当然のことなのですが、その規則や制度は基本的に働く側に有利につくられています。一般企業の契約社員ならば、再び契約するかしないかは雇用者である会社側の判断で決められることですし、辞めるときもたいした手当てはもらえない可能性がほとんどです。契約期間の途中で、いきなりクビになることだってあるわけですから。

それに比べて海上自衛隊のほうは、3等海曹（正社員）になれない海士長（アルバイト）の年齢の上限は30歳くらいと言われています。それ以上は続けることができませんが、それでも自分が希望し続ければ長期間働くことが可能です。それも、普通の会社じゃ即刻クビになるようなおバカさんでも、頭を振れば「カランコロン」と音がしそうな空っぽのヤツでも、自分が希望する限り続けることができるのです。

海上自衛隊は公務員の組織であるために、そういう人間がいたとしても彼らが希望する限りは辞めさせることができません。まさに「プータロー・シップ（PUTARO SHIP）」を体現しているようなヤツらを野放しにしているわけです。

そのようなプータローな人材に手厚い待遇をしているおかげで、とてもコストのかかる組織が出来上がってしまいました。そのコストがどれくらいかというと、年間の防衛費の半分は隊員に支払われる給料と糧食費に充てられていると言われるくらいなのです。

これはもう、自衛隊はボランティア団体と言ってもいいでしょう。国民の税金を使って、出来の悪い隊員の生活支援をしているようなものです。バカバカしいにもほどがあります。仮りにも海上自衛隊は戦闘集団です。おカネをかけるところ、力を入れるところを間違っています！

満期金ってそんなにいるの？

公務員は、数ある職業の中でも飛び抜けて常識がないと、世間では言われています。そして、自衛隊はそんな公務員の中でも、さらに飛び抜けて常識がないと言われています。それは……事実でしょう。悲しいことですが、多くの自衛官は常識がありません。

それは、一般社会とは異なる非常に特殊な職業であり、また隔離された仕事場であるため、一般人との仕事を通じたふれあいは決して多くありません。物品の流通経路や情報の管理、衣食住など、ほとんどの業務を自前でやっているので、自衛隊の中だけで〝一つの社会〟が形成されているのです。ですから、一部の自衛官以外は、民間人と一緒に仕事をする機会がほとんど無いと言っていいでしょう。

その他にも理由は色々ありますが、何にせよ、完全にベクトルの方向が180度違う、まさに宇宙人のようなぶっ飛んだ自衛官がいることは事実なのです！

そして、その傾向が強いのは、意外にも階級の低い若い隊員たちのほうではなく、上位クラスの階級で組織の中枢にいる年配のお偉方に多いのです。

彼らは何十年にも及ぶ自衛隊生活のなかですっかり自衛隊色に染まり、自分たちの考える基準が一般常識からかなり離れていることに気づかないでいます。完全に〝井の中の蛙〟状態で、仕事着である制服の両肩についている金色の階級章に酔っているのでしょう。権力の中枢にいて、巨大な組織である自衛隊の全部隊の活動に大きい影響を与えることのできる力を、「自分自身の力」だとステキに勘違いしているのです。

そんなぶっ飛んだ基準で作られたもので、分かりやすい一つの例があります。

それが任期制自衛官というアルバイトまがいの制度で、入隊してきた人間に手当として支払われる〝満期金〟と呼ばれる補助金制度です（人を集めるために、このような愚かな制度を作ったパープリンたちは何を思って作ったのでしょうか、理解に苦しみます！）。

この〝満期金〟については「高すぎる人件費」でも説明しましたが、きちんと理解するために、もう一度説明させてもらいます。

海自の任期制自衛官は契約社員と似たような雇用内容で、最初の勤続年数は3年、それ以降は2年毎に契約し直さなければなりません。ただし、契約更新をしてもしなくても、最初の3年目で約97万円、次の5年目で約141万円、それ以降は2年毎に一定額をもらうことができます。

3等海曹になれなかった任期制自衛官が最大でどれくらいもらえるかというと、契約が効かなくなる年齢がだいたい33～35歳の間なので、その総額は約600万円にものぼる計算になります。ただ、今は税金の使い道に注目している世論の動きの影響か、年齢の上限がどんどん若くなっていて、最近では30歳を前にクビを切られることも珍しくなくなりました（この年齢の基準も極めてあいまいです。この年齢で転職して一からやり直すには相当の気力が必要になります）。

私はこれが異常に高い金額だと思うのですが、あなたはそうは思わないでしょうか？ ただでさえ一般企業よりも待遇のいい公務員であるのに、そのうえ、さらにこんな大金がもらえるのはおかしいと思うのが普通ではないでしょうか。

自衛官の場合、毎月の給料の他に、6月と12月の年2回のボーナスが必ずあります。そのボーナスでさえ、入隊した年に初めてもらうボーナス2回の総額は約40万円とノリにノッている優良企業並みに高いのです。

いくら〝満期金〟を与える名目が、3等海曹という正社員になれる可能性が低い任期制自衛官の将来の生活リスクを少しでも軽減するためのものだと主張しても、この金額は高すぎます。今はいざなぎ景気を超える戦後最長の好景気だと、どこの馬の骨かもわからないコメンテーターが言っていますが、私は決してそうは思いませんし、多くの一般人も、「景気がいいと実感できない」とクビをかしげて言うに違いありません。

そのような時代を、多くの一般人はコツコツと節約しながら生活しているのです。さらに、世間では少ない給料でギリギリの生活をしている人もいるし、決死のスカイダイビングのような後戻りの許されない転職をする人だって老若男女問わずいるわけで、そんな人たちと比べると、公務員と言ってもさすがにこれはやりすぎです。

どうやってはじきだされた数字かはよく分かりませんが、この〝満期金〟のおかげで、国民の税金がかなり無駄に使われていることは確かです。

海上自衛隊だけでも、年に約1000人が任期制自衛官として新しく入隊してきます。年齢が高くなるにつれ3等海曹に昇任したり、中途退職する人間もいるので若干の人数の減りはありますが、簡単に見積もってみても、現存する任期制自衛官に毎年約3～4億円もの〝満期金〟が支払われていることになります。海上自衛隊だけでこれだけの税金が使われているのです。

航空自衛隊はだいたい海上自衛隊と同じ規模ですが、陸上自衛隊に至っては海上自衛隊の3倍以上の規模になります。それを考えると、自衛隊全体では毎年約20億円超の〝満期金〟が支払われていることになるのです。あまりにもバカげた数字で、呆れてものが言えない状態です。

はっきり言って、私は今の半分の金額でも、充分に彼らの将来の生活リスクを保障できると思います。年配のお偉方はそうは思わないのでしょうが、間違いなく足りるはずです。彼らはこれをムダではないと、胸を張って言えるのでしょうか？　是非、彼らの良心に問いかけたいです。

そんな金バッジをつけてふんぞり返っている彼らも、我が家に帰れば住んでいる家のローンはまだ残っていたりするはずなのです。愛する妻に「買い物行ってきてちょうだい」とおつかいを頼まれたり、愛する子供たちに「ウザイ！　消えて！」とか言われたり、コンビニで缶ビールを買うときは一番安い発泡酒を選んだりするはずなのです。そこら辺にいる、ごく普通のサラリーマンとたいして変わらない生活をしているはずです。

ですから、自分たちが持っている権力を過信しないでほしいし、もっと外に耳を傾けるべきです。あなたたちもまた、自分たちが国民に奉仕する立場であり、公僕である立場を認識しなくてはなりません。

海上自衛隊版「議員宿舎」

去年の秋ごろ、東京・赤坂に建設中の豪華な設備の参議院議員宿舎がワイドショーに取り上げられ、お茶の間を賑わせました。家賃月50万円くらいが相場の都内有数の1等地に、月10万円もいかない家賃で国会議員に貸すというのですから、国民が怒るのも無理がありません。

しかも、工事を中断すると違約金約6億円を払わなければならないから、今さら建設を止めることはできないらしいのです。建てたら数十億円かかるっていうのに、官僚は小学生みたいな言い訳で世論の理解を得ようと頑張っているようですね（笑）。

議員宿舎の存在自体に批判があるわけではありません。地方に地盤を持つ議員の私生活を助けるためだったり、有事の際の国会の緊急招集などに備えることを目的で建てられているからです。

マスコミが問題にしているのは、破格の家賃と豪華な設備にする必要性があるのかということなのでしょう。色々な手当てが付いている議員に、家賃を優遇する必要は無いし、普通のマンションではなく宿舎なのだから、オプションなどつけずに必要最小限のものでまとめればいいはずです。

挙句の果てに、マスコミにバッシングされたため、多くの議員が部屋を借りようとせず、半分くらいが空室となっている始末です。官僚は何をしたいのでしょうか？（笑）。

外国でも議員宿舎は存在しますが、先進国ではロシアと中国だけです。発展途上国でも、あまり例はありません。そして、ロシアも中国も官僚が大きな特権を持つ典型的な官僚至上主義社会の国です。当然、議員宿舎は豪華な設備で造られています。そのような傾向にある国家と共通点を持っているということは、この国も官僚がモノを言う社会ということなのでしょう。

今のところ、世論の目は能無し国会議員とジコチューな官僚たちが勤めている官庁周辺に向けられていますが、それと全く同じケースは海上自衛隊にもあるのです。

それは、〝乗員待機所〟と呼ばれる施設で、横須賀・呉地区などの潜水艦や水上艦艇が集結している大きな基地の近くには必ず設置されている施設です。艦船に所属している乗組員が、有事または台風・地震などの自然災害の際に、迅速に行動できるように基地の近くに待機できる簡素な施設を設置する趣旨で建設されています。つまり、その名の通り、臨時に待機する場所、一時的に寝泊りすることができる仮眠施設のようなところというわけです。

部屋は各艦船にそれぞれ振り分けられ、単身赴任している者や独身者から優先的に住むことができます。横須賀・呉地区の場合は一大拠点であるため、施設の規模も大きく、外から見るとマンションの様相です。

各部屋1人ずつで、ベッド、シャワールーム、トイレ、エアコン完備という申し分ない設備です。さらに、20人くらい収容できる大浴場付きなのです。ちなみに、呉市内の「からす小島乗員待機所」は、なぜか大浴場が最上階にあって、ガラス張りで呉の街並みを一望できるようになっています（そこまでする意味は分かりませんが……）。

その家賃は月１５００円（呉の場合）と、これまた赤坂の参議院議員宿舎に匹敵するくらいの破格の値段なのです。この金額は施設の維持費に充てられる分、つまりアパートの共益費みたいなものなので、実質はタダで使っていることになります。安すぎる感は多少ありますが、仮眠をとるためだけの部屋と考えると、百歩譲れば妥当と思えるかもしれません。税金を払っている側も、まだ許せる範囲内です。

……ですが、残念なことにその思いは裏切られます。仮眠施設というのは名目上で、実際には寮のような形で、隊員たちがアパート替わりに使用している有様なのです。つまり、独身寮というわけです。これでは、家賃が１５００円というのもバカげているし、税金を使われている側は納得できないでしょう。もちろん、隊員たちには大人気で、空き部屋待ちが相当多いようです。

だいたい、「乗員待機所」という名称からして、「あくまで臨時的な形でしか使用していませんよ」みたいな表現をしているところが、実に白々しく卑しいのです。建物の名称から連想するものと、実際の用途が違っていたら、誰だって「何か後ろめたいことでもやっているのか」と、疑念を持ってしまいます。最初から、堂々と〝独身寮〟とか〝艦船乗組員宿舎〟という名称にして、誰にでも一目で分かるような表現にすればよかったのです。名前一つ考えるのにも、センスのかけらもありません。

税関フリーパス

海外から日本に帰国するときは、誰の荷物であっても例外なく税関のチェックを受けます。空港では、麻薬や銃火器、ワシントン条約に記された動物やその毛皮など、何十種類にも及ぶ様々な違反物が無いかどうかを、検査犬を使って徹底的に調べるのです。

海上自衛隊も例外ではなく、海外派遣や国家間の合同訓練で外国に上陸する機会があった艦船は、帰国後、税関のチェックを受けなければなりません。それも、船を岸壁に横付けすると、チェックしている最中に船から岸壁に不正に荷物を受け渡す可能性があるから、わざわざ船を沖に泊めて向こうが小型船舶に乗ってくるという徹底ぶりです。「密輸は許さないぞ！」という意気込みが伝わってくるものです。

さすが、税務署の人間は違う……と思いきや、検査の程度は民間とたいして変わらないものなのです。と言うよりも、むしろチェックが甘いくらいと言えます。

要領としては、まず、民間人と同じように申告書に自分が外国で購入した食料品などを記載し、申告するものを艦内の自分のベッドの上に、見えるように綺麗に並べます。税務署の人が見て、並べてあるものと申告書に記載されているものが一致したら、それであっけなく終わりです。時間にして、少ない人で1分弱、多い人でも5分もしないうちに終わってしまいます。乗員のものが見終わったら、後はあらかじめ指定されている倉庫を検査して全て終わりとなります。全体の検査時間は1時間半くらいで、適当というか、非常に簡単で形式的なものに留まった検査になっているのです。

検査官は数人で、検査犬を引き連れてくるわけでもないので、1時間ちょっとで乗員の購入した物と船に何十室とある倉庫の中の両方を、完璧に見ることは到底不可能です。であることを察するに、はっきり言って、税関のチェックは実質フリーパスに近いものと言えます。

これは民間旅客機に例えれば、乗客の持っている手荷物だけチェックして、貨物室にある旅行バックやスーツケースの中身はチェックしないことと同じことです。旅行バックやスーツケースに、麻薬や銃火器が入っていても一切チェックされないので、バレることはありません。

海上自衛隊の検査は例え国内に持ち込み禁止の物でも隠しておけば、よほどのことが無い限りバレないでしょう。全ての倉庫を見るのは時間がかかるし、検査犬を艦内に連れてくるわけでもありません。全体を見るにしても、犬のように嗅覚が優れているわけでもないので、まず見つけることはできません。

それに、自主的な処置も海上自衛隊は一切していません。海外だからといって、艦内生活の監視を厳しくするということはないのです。乗組員たちが外から帰ってきて、船内に入るときに購入した物を検査する、また定期的に船内の荷物をチェックするということすらしないのですから。

最近、モラルの低下が原因で色々な事案が起きているというのに、マヌケにも完全に個人の自覚に任せっぱなしなのです。自分たちの管理も甘く、税関の検査も甘いので、モザイクの無いアダルトビデオや動物の毛皮、果ては銃火器や麻薬でも、本気で隠そうと思えば、いくらでも隠すことができます。

こんなことをやっている隊員はいないと願っていますが、できる可能性を残しているのは危険なことだと思います。そう感じるのは私だけでしょうか？　海上自衛隊だけ特別扱いするのではなく、一般人と同じように検査犬を伴った厳密な審査が必要だと思います。

銀行の10倍利息

今は言わずもがな、皆さん知っているとおり超低金利時代となっています。どこの銀行も多額の不良債権を抱えて身動きのとれない状態が続いています。15年以上経った今なお、偉大なるバブルの遺産に苦しんでいるのです。

銀行の親分である日銀も大手銀行を倒産させないように、何年もゼロ金利政策をとり続けています。日銀のメンツとしては山一証券や北海道拓殖銀行の二の舞はもう起こしたくありません。内心はなりふり構っていられないのでしょう。

そんな手厚い保護を受けているにも関わらず、ほとんどの大手銀行はもはや虫の息です。経営統合を頻繁に繰り返して、なんとかやりくりしているようですが、一時しのぎにしかならないことは間違いないでしょう。手ぬるいコスト削減などの改革は行っているようですが、肝心の本丸の改革は進んでいません。いっそのこと、ハードランディングに思いっきり潰した方がいいのではないでしょうか。

有識者の中にも、保護するだけではなく銀行の体質そのものを変えるべきだという意見が出てくるようになりました。いずれにしろ、まごまごしていてはグローバルな世の中に出遅れてしまいます。組織の保身に励むのもいいのですが、余分な脂肪は早急にとった方が賢明だと思います。自浄作用の効かなくなった組織は消えてなくなるのですから……。

銀行が死にそうな状態なため、企業への貸し渋りやわずか0・1……％の超低利息は当たり前となっています。この超低利息時代に突入してから、はや15年が過ぎようとしています。銀行は手数料を上げるばかりで、利息は二束三文にもならない程度しかつけてくれません。

また、少しでも収入を増やすために、消費者金融などという会社まで作り、20～28％という高金利で一般個人向けに貸していました。最近は法律でグレーゾーン金額が設定されたので、その金利も20％以下に抑えられましたが、中身が変わったわけではないので、多重債務などのトラブルはまだまだ続くでしょう。トラブルの発生件数がちょっと下がるくらいで気休め程度のものにしかならないはずです。

そんな、ヤクザまがいなことを平気でする超低利息の銀行に預けている皆さんは、おそらく通帳の利息の数字を見るたびにため息が出ると思います（笑）。

しかし、このようなわびしい状態が長く続く日本列島のなかに、ただ1ヵ所だけそんな風どこ吹くの？　みたいなところがあります。そう、自衛隊です！

驚くことなかれ！　自衛隊が運営している銀行（共済組合）は普通預金が年率1・29％、定額積立預金が年率2・58％、定期預金に至っては年率3・20％という高い利息が設定されているのです（いずれも平成18年度）。つまり、100万円貯金していると、単純計算で年間1～3万円の利息がついてくるというわけです。もちろん、この共済組合は自衛官のみに限定されています。なかでも普通預金は限度額が一番高く、最大1000万円まで預金することができます。何と、年間利息が12万円もついてしまうのです。これでは、各大手銀行が売り出している0・6％のスーパー定期金利も、どこが〝スーパー〟なのか分かりません。

一般市民が利息よりも手数料分のほうが大きくて四苦八苦している中、自衛官は高い利息で手数料もゼロ円のお得な銀行を利用しているわけです。

バブルの頃は民間も年率3％台が普通でしたが、その頃の自衛隊銀行の年率は、なんと7％台だったというから、「恐るべし！　公務員パワー」、まさに何でもありですね。

何年か前、オーストラリアやニュージーランドなどの金利の高い海外の銀行に預金するブームが起こりましたが、複雑な手続きと為替差損のリスクがありました。それでも、国内よりはマシとタダ同然の利息よりも条件のいい海外の銀行にいち早く自分の資産を預けた人々も、国内にこれほど金利の高い銀行が存在しているとは思わなかったでしょう。まぁ、それには自衛官でなければならないという条件がつきますが……（笑）。

第5章　黒いベールに包まれた潜水艦部隊

海自の潜水艦部隊（呉基地）

選抜された有能な隊員

戦前は日本最大の軍港としておおいに発展し、また世界に誇る史上最大の戦艦「やまと」が造られた場所であり、今なお旧海軍の街並みを色濃く残す歴史ある街、呉。

海上自衛隊もまた、伝統あるこの地を西日本最大の活動拠点としています。ここには中国地方と四国地方、近畿地方の一部に点在する各基地と各部隊をまとめて一括管理している呉地方総監部があります。戦前に造られた赤レンガの美しい建物で、春になると庭に植えてある桜が満開になり、赤レンガがいっそう映えて見えるのです。五つの地方総監部のなかでも一番美しいと言えるでしょう。また、高台に位置しているため、呉湾に出入港する海上自衛隊の艦船の様子などを容易に見られるようになっています。

そして、その隣にはアメリカ海軍との合同訓練やインド洋派遣活動などに参加している艦船が数多く在籍している、第4護衛隊群（護衛艦は現在の海上自衛隊の主戦力）と潜水艦部隊が威風堂々と並んで停泊しています。

呉地区の場合は、一般道路から潜水艦と水上艦を見ることができるので、道路沿いの公園に家族連れの観光客が望遠鏡片手によく来ています。

また、ちょっとオシャレなカフェもあって、贅沢にも潜水艦を眺めながらお茶を楽しむこともできたりするのです。別にＰＲしているわけではありませんが、「潜水艦をバックに友達とお茶を楽しむ」なんてことは、なかなかできることではないから、近くに来る機会があったら観光がてら寄ってみるといいのではないでしょうか。

そんな、呉の観光の目玉が目白押しにあるなかで、近くにありながら地元のタクシー運転手に聞かなければ分からないような施設があります。日に当たることもなく、ひっそりとたたずんでいるその施設の名前は、全国に一つしかない潜水艦乗組員の養成学校「潜水艦教育訓練隊」です。

ここは全国の教育隊で、新入隊員に対して行われる厳密な潜水艦適性検査で選抜された隊員だけが来るところです。選抜された者は潜水艦乗組員の卵として、専門の教育を受けることができるのです。約４カ月という短い期間で、潜水艦の乗員としての基本的な知識と技能を叩き込まれるのです。そして、晴れて修業した後は、各潜水艦部隊に派遣されて、やがては第一線で活躍するようになります。

とまぁ、建前はこれくらいでいいでしょうか。では、私は実際にここで教育を受けたクチなので、その実態を記してみたいと思います。

海上自衛隊は潜水艦を全部で16隻ほど保有しています。乗員は1隻につき、だいたい65～80人なので、潜水艦部隊の総員はだいたい1000人以上と考えられるでしょう。それに対し全国から選抜されて、潜水艦教育訓練隊に学びにくる潜水艦適性のある隊員は毎年、だいたい120～140人にものぼります。

それを聞いて「へぇ～。潜水艦って、結構人気があるんだ！」と思う人がいるかもしれませんん。しかし、残念ながらそれは違います。実際はそういうわけではなく、情けない理由があるのです。

ハイテク艦の劣悪な環境

考えられないことかもしれませんが、ここでの教育を終えて実動部隊に行ってから、ほとんどの者は1年ないし2年ほどで潜水艦部隊を去っていくのです。

なぜ、そんなことになるのか？　それには大きな理由が二つほどあげられます。一つはそもそも熱望して潜水艦部隊に来たわけではないこと、もう一つは仕事場の環境が極めて悪いことです。

実は、ここに学びに来る隊員は潜水艦に対する適性があったから、「とりあえず入校してみた」という者がほとんどなのです。私と同時期に入校した隊員（海上自衛隊では同期と呼んでいる意味合いは同志、同級生に近い）は約90人いたが、「潜水艦が本当に好きで、乗りたくてしかたがなかった」という強い志望動機を持っていた者は少数派でした。

ほとんどの同期は潜水艦そのものにはあまり興味がなく、給料が多く支給されることに注目していたようです。こういう考えが主流なのは私の同期だけに限らず、現役の潜水艦乗りのほとんどがそうなのです。潜水艦乗りには、基本給と基本給の45％が手当てとして支給されるので、普通の海上自衛官よりも多くおカネをもらっています。

つまり、ほとんどの隊員はおカネ欲しさにやってくるというわけです。かくいう私も、潜水艦に乗りたいという気持ちもありましたが、やはり給料が多くもらえることが大きな魅力でした。

そして、もう一つは潜水艦内の環境が極めて劣悪だということです。それは、長く潜水艦に乗っている隊員の将来の健康を考えると、今の手当てでは不十分なくらいです。

潜水艦の知識に乏しい一般人から見たら、海の中に深く潜ることができる現代文明の最新技術を搭載した〝ハイテクの塊〟のようなイメージを持たれるかもしれません。確かにハイテクには違いないですが、ハイテクはハイテクでも力を入れるところと入れないところがあります。

使っている技術はアメリカやドイツに並ぶ高度なものですが、その高度な技術を充てるのはソナー機器や魚雷といった攻撃関連の分野であって、そこで仕事をする人間の健康に充てるわけではないのです。

つまり、戦闘部隊としてはごく当たり前のことなのですが、武器のレベルがもっとも優先されるのであって、それを扱っている人間の生活レベルなど二の次になるのです。国民に奉仕する公僕の身分なのですから、それくらいガマンしろということです！

だから、はっきり言って潜水艦内の仕事場の環境は、ありとあらゆる職業の中でも最低ランクに位置することは間違いありません（どのくらい最低かということは、後ほど詳しく説明します）。

それは、原子力発電所で勤務している職員たちが知らない間に、一般市民が日常生活で受けている通常の放射能の約十倍を、勤務中に浴びているのと同じくらい最低な部類に入ることでしょう（ちなみに、普通の人は年間5ミリシーベルトで、原子力発電所で働いている人たちは年間50ミリシーベルトの放射能を浴びているらしい）。

この二つが潜水艦を降りていく主な原因になっています。そして、実はこの二つも相互的な関係にあるのです。つまり、熱望して来たわけではないから、仕事場の環境が悪いというキツいことがあっただけで、すぐ辞めてしまうということです。熱望してきたヤツだったら、ちょっとやそっとではへこたれないはずですから（まぁ、熱望してきたヤツでも辞めていく場合がある。それだけ環境が厳しいということを意味しているのです）。

そのため、潜水艦部隊は常に人員不足の状態にあります。毎年、大量に新人を投入しても、半分くらいがギブアップしてしまうからです。今は、どんどん適性基準を下げて、より多くの新人を獲得しようとしているようですが、それもムダに終わる気がします。

「潜水艦訓練隊」のオソマツな教育

そして、そんな不純な動機？　で潜水艦教育訓練隊（以降、潜訓と略称で呼ぶ）に入校した多くの隊員は、ここで潜水艦の基礎的な知識と技能を学ぶはずなのですが、教務のほとんどはマジメに勉強しません。勉強しないというのは、理論的に、体系的に、いちいち原因と結果の相互関係を理解して勉強しなくてもいいという意味です。

教務内容は、中身を理解せずにただ暗記さえしていたら、多くのテストは難なくクリアできる、その程度のレベルでしかないのです。そのため、覚えなければならない知識も覚えないいま、部隊に配属されるケースがほとんどという状態になっています。

この生ぬるい体質のおかげで、私も4ヵ月もの間、どうすればそうなるのかという論理的な考え方をするまでもなく、単語を暗記しておしまいという、使われない脳みそが腐ってしまうくらい、大変オソマツ極まりない学習方法で修業してしまいました。

この教育カリキュラムでは、週に1、2回のペースで教務のテストがあります。このほとんどがメイキングテスト、つまり形だけのテストなのです。

テストの日が近づけば、「ここからここまでテストに出るから」と毎回のように教官がこのセリフを口にします。細かく範囲を指定して、必要であれば、○×問題か線引き問題か記述問題か穴埋め問題といった、テストに出す問題の傾向まで詳しく言ってくれるのです。

つまり、親切丁寧に教官が、テストに出る問題の内容を教えてくれるのです。これでは、答えをはっきり教えているようなものです。いまどき、中学校でもこんな教育はしていません。勉強していない側としては大変助かりますが、身につくはずがありません。

毎回このような感じなので、多くの学生はテストの問題に出る部分を暗記するだけで、だいたい7〜9割の点数をとることができます。

しかし、教える側である教官たちにも一応〝建前〟があるので、満点を取らせないように、1問か2問くらいはどの部分を出すかを言わないようにしています。さすが要領を分かっていらっしゃる、これでは、なかなか実態が表沙汰になることが無いわけです。

なぜ、このような中身のない勉強をさせるかというと、これにはどうしようもなく、くだらないワケがあるのです

教官たちも一海上自衛官なわけで、一定期間を潜水艦の先生として勤めた後は、再び部隊に戻るわけです。彼らもまた、評価される側であるため、自分たちの教官としての成績を気にしてしまうのです。自分の受け持った学生の成績がそのまま自分の評価につながってしまうので、学生たちには良くもなく悪くもない〝無難〟な成績を取ってもらいたいのが本音なのです（まったく、性根が腐っているとしか思えません！）。

そうなると、結果的に潜水艦乗りの卵である学生たちの未来よりも、自分の身かわいさに、今をいかにして問題なく乗り切れるかに終始頭をフル回転させてしまうのです。これでは、卵が健全に育たず、パープリンなヤツばかりが出来てしまいます。実際に、多くの学生は潜訓を修業して、潜水艦乗りとして部隊に行った後で苦しい思いをしています（私も全然勉強してなかったので、最初の頃はキツい思いをしました）。

「西の潜訓・東の2術校」

この見事なだらけっぷりに加えて、生活規則や学生の日課も、海上自衛隊の教育機関としてはありえないほど〝ユルい〟ものになっています。

例えば、服装容儀に重点を置く教育機関は、朝、昼の課業整列時（会社で言えば朝礼のようなもの）の作業服のアイロンプレスを厳しく指導しています。学生も毎日のアイロンプレスを欠かしません。しかし、潜訓の場合はかけるのは朝の課業整列のときだけでいいのです。それも、たいしてキレイにかける必要もありません。

また、海上自衛隊は総員起こし（起床）の際、急いで起きて整列しなければいけません。戦闘はいつ起きるか分からない、緊急事態に即応できるように毎日訓練しているのです。しかし、ここ潜訓ではなぜか、急いで起きる必要がありません。ある程度小走り程度で余裕を持って整列すればよしとされています。総員起こしのラッパが鳴る前に、毛布をたたむなどして、ベッド周りの整理をするフライングも許されたし、ストップウオッチで整列完了の時間を計ることも、ごくまれにしかありません。

教務中は前述したとおり、全く中身が無い内容だったため、見えないように膝元で携帯をいじっているヤツはいるし、堂々と居眠りしているヤツも普通にいます（おカネをもらいながら勉強しているくせに、こんな高校生みたいな態度をとるヤツは、自分が税金でメシを食っていることを自覚していません。働いているという意識すら無いに違いないでしょう。そういう私も携帯をいじっていたし、居眠りしていましたが……。この場を借りて、皆さんに謝りたいと思います）。

つまり、まとめて簡単に言うとラクショーなのです。この潜訓のだらけっぷりを象徴する言葉として、海上自衛隊の中では〝西の潜訓、東の2術校〟と呼ばれています。2術校の正式名称は第2術科学校といい、船のエンジン機器を専門とする機関分野（ディーゼル、電機、蒸気）の専門学校で横須賀にあります。教育機関のなかでは西日本で一番ユルいのが潜訓で、東日本で一番ユルいのが2術校というわけです。

知り合いに潜水艦部隊に勤めている海上自衛官がいる人は、是非聞いてみてください。たいがい、この言葉を知っているはずです。

また、潜訓か2術校を出た海上自衛官がいるなら、この事実が嘘か本当か聞いてみるといいでしょう。「こんなの嘘だ、オレはしっかり勉強したぞ！」と言われた人で、もし、その海上自衛官と恋愛関係にある人は、平気で嘘をつかれている可能性があります。浮気されているかもしれないから、蹴り飛ばしてみたほうがいいかもしれません！（笑）。

まぁ、浮気かどうかは別として、ともかく今の潜訓のユルい体質は早急に変えなければいけません。いつからこうなったのかは知りませんが、今すぐ改めなければ負の連鎖は止まらないでしょう。

それは、潜水艦部隊を去っていく隊員が、今後も減っていくばかりということを意味します。しっかりとした実践的な知識を教育すれば、部隊に行ったあともスムーズに仕事を覚えることができるはずです。潜訓で充分覚えられることを覚えていないから、部隊で一気に覚えなければならなくなるのです（実践的ではない教育内容そのものも変える必要があります）。

極めて単純な話です。どうせ、覚えなくてはならないものなら、一気にやるよりも、時間をかけてゆっくりやるほうがずっとラクなんですから。

そして、一番悪いのは後輩である学生たちに対して、誠意を見せて教えようとしない教官たちです。海上自衛隊に入ったばかりで、右も左も分からないウブな学生たちに対して、自分の保身のために、本当の教育をしない彼らは文字通り最低の人間です。

上層部がどういう基準で教官を選んでいるかは知りませんが、いい加減であることには間違いないでしょう。

何せ、常に世界の戦争技術はめまぐるしく発達しているのにも関わらず、おおよそ7、8年前のスタディーガイドを、ちょっと改訂したくらいで今でも使っているような連中ばかりなんですから。スタディーガイドの中には、防衛省がいまだに防衛庁になったまま、ということもざらにあるのです（笑）。本当にマヌケにもほどがあります（笑）。蹴り飛ばしてやりたい気持ちでいっぱいです！

ズサンな教育投資

さて、ずっといると人間として腐りそうな潜訓を修業した後は、晴れて部隊に勤務するわけですが、正式な乗員となるためには一つ大きな壁があります。

約4カ月間の厳しい実習期間です。ここから約4カ月間は「実習員」という配置で、船全体の構造やパイプラインを調べたり、諸規則を覚えたりなど、一潜水艦乗りとしての最低限の知識を覚えなければなりません。

この船全体の構造とパイプラインを調べるのには、だいぶ苦労します。何十個もある機器の場所や使い方、およそ何百個もあるバルブの場所や使途目的、このパイプラインはどこでどう繋がっているのか、船の隅から隅まで詳しく調べなければなりません。それも、人が入れそうにないくらい狭い箇所まで、文字通り隅々まで調べあげるのです。私としては、とても4カ月では足りないくらいで毎日時間に追われる日々でした。

一定のエリアが調べ終わったら、それらをきれいに図にまとめて、そのエリアを熟知している責任者に機器やバルブ、パイプラインの配置が正確かどうか見てもらいます。その厳しいチェックをパスできなかったら再度調べさせられるので、実習員たちは互いに必要以上に何度も間違いがないか確認し合います（私も何回か間違いを指摘され、泣く泣く調べなおしたのを覚えています）。

4カ月が経ち、全てのエリアが終わったら、最後に潜水艦の諸規則や構造に関した総合的な試験を受けます。これは認定試験と呼ばれ、これに合格すると正式な潜水艦乗りとして認められるのです。

この認定試験は潜訓のような形だけのものではなく、厳密な監視体制で行われるものです。もちろん、赤点を取ったら容赦なく追試があります。問題は多岐にわたり、かなり難しい内容です。

入ったばかりの新米にここまで厳しく求めるのは、それだけ潜水艦乗りは個人レベルが高くなければならないことを意味しています。

なぜなら、乗員一人ひとりのスキルが高くなければ、戦闘時や沈没したときなどの緊急の対応を迫られたときに、うろたえることなく的確に行動できないからです。また、普通の船とは違って、常に海中にいるため生命のリスクはきわめて高いものになります。タイムロスは、それだけ死の可能性を大きくしてしまうので、スピードも必要以上に求められるのです。

そのため、潜水艦は同じ艦艇部隊である水上艦（護衛艦、輸送艦、掃海艇など）と比べても、乗員1人にかかる負担は大きいものになります。少ない人数に比べて取り扱う機器が多いため、仕事の量が半端なく多いのです。ですから、勤務している年数が上にいけばいくほど、乗員は自然淘汰され、真のプロフェッショナルしか残らなくなるのです。

そんな厳しい世界に踏み入る第1歩の難しい認定試験をパスした後は、正式な潜水艦乗りの証として、艦長から直接潜水艦徽章を手渡されます。この徽章は通称〝ドルフィンマーク〟と呼ばれ、海上自衛官にとっては正装に当たる制服の左胸に付けることができます。

このようにして、海上自衛隊の潜水艦乗りを1人育てあげるためには、最低でも8カ月はかかるのです。それも1人につき、少なく見積もっても300～500万円くらいの膨大な税金がかかっています。毎年200人弱の新米隊員が来るので、どれだけの教育費が出されているか、お分かりいただけると思います。

しかも、こんなに手塩にかけて育てても1年ないし2年ほどで半分くらいが辞めてしまうのですから、膨大な税金を泣く泣く海に投げ捨てているようなものです。官僚の天下り先である、何をしているか分からない特殊財団法人並みにムダなことをしています！

艦内の過酷な生活

一般人でも知っているかと思いますが、潜水艦の中は非常に狭い。そして、その狭いスペースに大量の最新テクノロジーの機器を、これでもかというくらい詰め込んでいます。そこで仕事をして、生活している人間のスペースなど必要最低限しか設けていないのです。

そんな潜水艦はタイプが大きく3種類に分かれています。古い順に「ゆうしお型」、「はるしお型」、「おやしお型」と呼ばれています。

一番新しいタイプの「おやしお型」は形が悪いため、水の抵抗を受けてかなりの雑音を出します。乗員たちの間では、「おやしお型」は失敗作だというのが常識となっています。それに比べて、3タイプのなかで最も優れていると言われているのが雑音の少ない「はるしお型」です。今は、さらに新しいタイプを構想しているようですが、失敗作にならなければいいのですが……。

さて、潜水艦について詳しく知りたい人は、それについて書かれた本が書店にクサるほどあるので、本書ではあまり触れないことにします。

だいたい、どの潜水艦も65人〜80人程度が乗員の定数で、実際にそのくらいの人数が、狭い艦内でそれぞれ仕事をこなし、寝食を共にしています。

さて、ここであなたに考えてもらいたいのですが、集団生活をする上で一番大切にしなければならないものは何でしょうか？　もちろん、即答えが返ってくることと思いますが、それは個人のプライバシーです。自分だけの自由な空間が無ければ、人間はいずれ発狂してしまうものです（私だけかもしれませんが）。

しかし、潜水艦は生活スペースが狭いために、日常生活で使わなければならない多くのものが共用になっています。テレビは約3台（多くの乗員は食堂の1台を使う）、トイレは洋式で約5個（和式派の人は慣れるしかない！）、シャワーは約4室、洗面台は5〜6台など、乗員の定数に対して必要最低限しか揃えていません。少ないと思う人もいるかもしれませんが、現状ではこれで成り立っています。

自分だけの自由な空間と言えば、薄いカーテン1枚のみで隔てられたベッドと狭い洋式トイレの2カ所しかありません（なぜ、トイレが自由な空間なのかは、言わずもがな……男の悲しいサガとでも言っておきましょう）。

しかも、そのくつろげるはずのベッドでさえも慣れるのに時間がかかります。3段ベッドで

1段の高さは約50センチ、長さは約175センチ、幅は約50センチと、一切のゆとりを考えず、成年男性の平均的な体格ピッタリにサイズを合わせているからです。もちろん、乗員の中には身長180センチ超という人もいるわけで、背の高い彼らは気持ちよく足を伸ばして寝ることができないのです（同僚に羨ましいくらい背の高い人がいましたが、このときばかりは気の毒に思いました）。

それでも今までは、その狭いベッドで本を読んだり、プレイステーション等のゲーム機を持ち込んでやっていたり、自分のパソコンでDVDの映画を観たりなど、ある程度自分1人だけの空間を確保してくつろげることができました。

しかし、最近起きたイージス艦の情報漏えい事件の影響で、艦内生活が何も分かっていない上層部のお偉方が、闇雲に私有の「可搬式記憶媒体」（USB、パソコン、ゲーム機、DVD、CD、デジタルカメラ、ビデオテープなど……）の持ち込みを原則禁止にしてしまったために、今ではベッドで読書するくらいしかできなくなりました。

おそらく、休憩時間などのときは20人以上になれば満員になってしまう食堂に、みんな集まって一緒に共用テレビでも見ているのではないでしょうか。

まぁ、頭のいい、ずる賢いヤツはこっそり艦内にゲーム機などを持ち込んでやっているかもしれませんが……（笑）。

魚雷に背中を預けて寝る男たち

あなたに、是非魚雷に背中を預けて寝ている自分の姿を想像してもらいたい！ と言われても、実際なかなか想像しにくいものです（笑）。

「この人は急に何を言い出すんだろう！」と思う人もいるかと思いますが、世界はあなたが考えている以上に広いのです。世の中には、魚雷に背中を預けて快眠している男たちが実在します。それは意外にも外国の軍隊ではなく、日本の海上自衛隊だったりするのです。そんなこと無いだろうと思うかもしれませんが、そんなことあるのです！

常に大量の新米隊員が乗艦するため、定数しか置いていないベッドは慢性的に足りない状態です。一時的に彼らのために仮設用ベッドがつくられるのです。あと、乗員のなかで比較的階級の低い隊員も仮設用ベッドで寝る場合があります。その仮設用ベッドは魚雷が配備されている発射管室につくられます。まさに魚雷の隣に併設されるのです。全ての空間を無駄なく使おうとした結果、ここにつくるのが最適と判断されたのでしょう。つまり、潜水艦乗りならば、若い頃には誰もが１度は経験することなのです。

私も実習員の頃は、魚雷の隣で寝ていましたが、最初はなかなか寝付けませんでした。自分のすぐ隣に、船1隻を一瞬にして沈めることができる威力を持った兵器が横たわっているのですから。普通の感覚を持ち合わせていたら、眠れなくて当たり前です(笑)。

しかし、先輩に言わせると、「安心しろよ。こんなの、ただの飾りだよ」とそんなことおかまいなしの状態でした。かくいう私も、人間に本来そなわっている〝慣れ〟という素晴らしい能力のおかげで、1週間後には快眠できるようになっていました(笑)。

魚雷専門の乗員いわく。「『魚雷の隣で寝るなんて危険じゃないの?』と言う人がいるかもしれないけど、大丈夫! 魚雷なんて滅多に使うことが無いんだから。発射管に装てんすることは、たまにあるけど実際に撃つなんてことは1年に1回あるか無いかだし、撃っても、命中するのかな?」と言っていました。

こんなに意識が低いのは、実際に戦闘で使用したことが無いからなのでしょう。訓練は数え切れないほど繰り返しやりますが、実際に使ったことがないので、魚雷の威力・性能を実感することができずにいるのです。

ただ、苦言を呈せば、先進国の間でこんなことをしている国はまず無いと言えるでしょう。アメリカ、ドイツ、フランス、オーストラリアなど、各国の海軍は殺戮兵器の隣に人間を寝かせるなんて馬鹿げたことはしません。潜水艦の構造上の問題もありますが、それでも海上自衛隊がやっていることは、倫理的に考えておかしいはずです。

仕方が無いといえば、確かに仕方が無いかもしれません。こんなことを平気でするのは、武器の威力を正しく認知していないからです。実際に戦闘したことが無いから、その恐ろしさを理解できないでいるのです。

ごく当たり前のことで普遍的なことなのですが、どんなに優れたものを造っても、それを使う人間が愚かだったら、その能力を１００％発揮させることはできないのです。きっと、今日も潜水艦部隊の若い隊員のほとんどは、魚雷に背中を預けて寝ていることでしょう。

もし、潜水艦乗りの人間と合コンする機会があったら、「魚雷の隣で寝るってホント？」とさりげなく聞いてみてください。聞かれた相手が「ホントだよ！　毎日魚雷に抱きついて寝ているけど全然怖くないよ！」とモロ自尊心丸出しで自慢してきたら、事の深刻さを理解していない証拠です。そいつはどうしようもないバカの可能性があるから、とりあえずハズしておきましょう。Ｓっ気のある人は「自慢するようなことじゃ無いでしょ！」と一喝してみてもいいかもしれませんね。

悪臭の充満する艦内

限られた狭い空間で何十人が寝食を共にしていると、ありとあらゆるニオイが発生することは容易に想像できると思います。しかも、全員が男となると、そのムサ苦しさは何倍にも膨れ上がります。

体から発せられる体臭、タバコの煙（数年前はまだ喫煙者に対して厳しくなく、決められた場所での喫煙が許されていました）、食べ物、トイレ、様々な種類の油、洗剤など、生活に関わってくる全てのニオイが混ざり合って、何とも言えない不協和音を奏でるのです。どう表現すればいいのでしょうか。いろんなニオイが混ざり合っているという点から言えば、ゴミのニオイに近いのかもしれません。

そんなニオイのなかで毎日働いている乗員たちは、さぞかしキツい思いをしているんだろうな、と思った人もいるかもしれませんが大丈夫！　人間に本来備わっている〝慣れ〟という能力のおかげで、彼らは平気で仕事をすることができます。鼻の耐久能力は一般人よりも高いはずに違いありません（笑）。

しかし、そんな彼らでも艦内から外に出ると、新鮮な空気を吸うので、自分の作業服に染み付いているニオイに気づくことができます。だから、ほとんどの者は絶対に作業服を自宅に持って帰りません。自宅に持って帰ると、部屋にニオイが残るからです。潜水艦内で着た衣服は基地内の洗濯機で洗おうとします。

それが、既婚者ならばなおさらです。ニオイに慣れていない家族にとっては、それこそ毛穴が開くほど強烈な悪臭です。家に持って帰ると、奥さんに嫌な顔をされるのは容易に想像できます（なかには、ニオイフェチのマダムもいるかもしれませんが……）。

我が最愛の子供たちに「お父さん、クサい！」なんて言われでもしたら、重度の鬱になってしまうというものです。そんなことを言われないように、必ず洗濯してから自宅に帰るのが潜水艦乗りの常識となっています。一家の大黒柱も必死なんです！

私も一度だけ嫌な思いをしたことがあります。潜水艦の長期間の出航から戻ってきた当日、用事があったので急いで自宅に帰らなければなりませんでした。いつもなら、シャワーを浴びてから帰るのですが、その日はそのまま私服に着替えて出て行きました。車は自宅にあったので、バスに乗るしかありませんでした（私はケチなので、タクシーには乗らない！）。

席に座ってから何分もしないうちに、後ろの席に座っている2人組の女子高生が「なんか、臭くない？」と小声で会話しているのを耳にしました。「あっ！　やっぱり分かるんだ！」と私は潜水艦のニオイは相当クサいと言うことを改めて自覚しました。

40代後半の私の上司が、濃密に醸し出されるニオイは、長く勤務してうちに服だけとは言わず、体に染み付いてしまうのだと言っていました。きっと、私の体にもニオイが染み付いていたのでしょう。次の日からはシャワーを浴びてから帰るようにしました。

シュノーケルとホコリ

潜水艦は長い時間潜ることができるので、隠密性を十二分に発揮できます。潜っているときは海中なので、もちろん外界とは物理的には完全にシャットアウトされています。そうなると、誰もが「一体、空気はどこから運んでくるの？」という疑問を持つことでしょう。

原子力潜水艦のように無限に近いエネルギー源を持っていれば、空気循環装置みたいなもので、いくらでも新鮮な空気を生成することができます。

しかし、日本の場合は非核3原則「つくらず、持たず、持ち込ませず」という国是があるために、原子力潜水艦を造ることができないでいます。

そのため、海上自衛隊にある潜水艦は、どれも燃料に限りがある通常型潜水艦になっています。ですから、原子力潜水艦のように、多くのエネルギーを消費する空気循環装置などを闇雲に使っていたら、すぐに燃料が底をついてしまうのです。

そこで、〝シュノーケル〟というものを行って、新鮮な空気を取り入れています。〝シュノーケル〟というのは、海水浴で皆がよく使うシュノーケルと同じ原理です。人間が潜水艦になったようなイメージを持ってくれると案外分かりやすいと思います。

シンプルに説明しましょう。シュノーケル作業を開始するときは、潜水艦から長さ？　メートルの細いパイプのようなものが出てきて、外の空気を取り入れるために海面に向かって伸びていきます。パイプの入り口が海面に出たら、艦内の圧力を調整して、外の空気を取り入れると同時に、艦内の二酸化炭素を多く含んだ悪い空気を外に出すのです。

見つからないように海面スレスレで空気を取り入れるので、当然海水も一緒に入ってきます。そのため、艦内では海水と空気を分ける仕組みになっているのです。また、隠密性重視なので、〝シュノーケル〟の作業を実施する時間帯は、たいがい夜中となっています。

だから、見つけてやろうと思う人がいるかもしれませんが、時間と労力のムダですから、止めたほうがいいでしょう。どんなに頑張っても、まず見つかりません！

さて、次に話すことは個人的な問題なのですが、私にはどうしても気になることがあります。男性諸君なら、こんな経験をしたことがあるはずです。フローリングの部屋に住んでいて、１

週間も掃除をせずにいると、ホコリと一緒に「体毛」が落ちているのが、いやに目に付きませんか……（笑）。

そうなのです！　潜水艦のような狭い空間では、いくら掃除しても、至るところに誰のかも分からない体毛が落ちているのです。それもそのはず！　だいたい65～80人くらいの人数が狭い空間で一緒になって生活しているのですから。気にしない人もいるかもしれませんが、私にはとても気になります。

そして、〝シュノーケル〟を実施しているときは、前部区画から後部区画に向かって新鮮な空気が流れます。まぁ、ちょっとした風が吹くと言いましょうか、だいたい扇風機の「弱」くらいの勢いで前から後ろへ流れていくのです。

このとき、たまに新鮮な空気と一緒にホコリと体毛が、艦内に舞い上がったりするときがあるのです。これが結構酷い！　食事中に〝シュノーケル〟が実施されると、ご飯やおかずにホコリと体毛がついてしまうからです（笑）。これで食欲が増す人など世の中にはいないはずです。いるとしたら、その人はかなり変態に違いありません！

第6章　オムニバス・海上自衛隊

呉基地に停泊する潜水艦

シーマン・シップならぬプータロー・シップ

どこの企業でも、必ず会社のモットーや心得などの社訓が存在します。それを社員たちが認識して仕事をすることによって、一定のまとまった行動を取ることができるのです。また、共通の認識をすることで社員同士でもうまく連携が取れ、業績のアップにつながり、会社に一体感が生まれます。組織の規模が大きくなればなるほど、この社訓の存在はますます重要になるのです。

もちろん、自衛隊にも「社訓」なるものが存在します。ここでは、海上自衛隊のものを紹介するとしましょう。それは「シーマン・シップ（SEAMAN SHIP）」と呼ばれ、海の上で仕事をする船乗りの基本的な精神のことを指しています。海上自衛官であるならば、常にこの心得を念頭において仕事をしなくてはなりません。その心得の内容は次のようなものです。

＊「スマートで、目先が利いて、几帳面、負けじ魂、これぞ船乗り」

＊「スマートで」――頭の回転が速く、仕事の処理に無駄がなく、総じて手際がいいこと。

＊「目先が利いて」――先を読んだ仕事をすること、つまり、中長期的な展望を持ち、計画的に仕事を進めること。
＊「几帳面」――緻密で間違いのない確実な仕事振りであること。
＊「負けじ魂」――どんなに厳しい条件下でも与えられた仕事を投げ出さず、困難に挑戦し、必ず何らかの解決策を探り当てる強い精神の持ち主であること。

とても素晴らしいことを言っているではありませんか。船乗りとしての核心を的確にストレートについたものであるし、文章としてまとまっていて簡単明瞭で覚えやすいものになっています。おそらく、今働いている多くの海上自衛官はマジで、このシーマン・シップを目標に頑張っていると思います。

だが、その一方で一部の腐った夏みかんのような連中は、とてもではないがお世辞にもシーマン・シップを目標に頑張っているとは言えません。その一部の連中というのは、いてもいなくても仕事に影響しない連中のことで、いわゆる〝窓際族〟と呼ばれているパープリンたちのことです。

では彼らは何を目標にして働いているのか、それはシーマン・シップならぬ、プータロー・シップであると私は考えました。

「プータロー・シップ（PUTARO SHIP）」とは、海上自衛官という国民に奉仕する立場にありながら、ろくすっぽ仕事もせず、頭の中は常に遊ぶことでいっぱいで、「早く給料日が来ないかな〜」と、おカネがもらえる日を誰よりも楽しみにしている人間のことを指します。その腐った心得は次のようなものです。

＊「コストがかかり、目先が利かず、おおざっぱ、バレなきゃ大丈夫、これぞ怠け者」

＊「コストがかかり」――アタマに何か足りないものでもあるのか、仕事の処理にムダが多い。総じて手際が情けないほど悪いこと。

＊「目先が利かず」――先を読むことができない。つまり、行き当たりばったりな行動をとり、無計画に仕事を進めてしまうこと。

＊「おおざっぱ」――常に間違い、テキトーで仕事のスピードが恐ろしく遅いこと。

＊「バレなきゃ大丈夫」――厳しい条件下での仕事はすぐ投げ出し、なるべく困難を回避する。自分の休憩時間を増やすことに終始頭を使っている。ごまかせる能力を持ち、怠けることに優れている。

こんなヤツが本当にいるのか？　と思われるかもしれませんが、実際にいるから仕方がありますがません（悲）。中にはちょっとおかしいヤツもいて、頭のいい小学生だったら充分できるような雑用ばかりを毎日していたりします。「税金のムダだし、海上自衛隊にとってもいらないのなら、再就職先を見つけてやって辞めてもらえればいいではないか！」という意見が出るかもしれませんが、なかなかそう簡単に解決できる問題でもないのです。

それは、公務員という特殊な雇用形態が手厚い保障をしているからです。公務員は基本的に自分から辞めると言わない限りは、問題を起こさなければ定年まで仕事を続けられます。民間企業で即刻クビになるようなバカなヤツでも、一度公務員の資格を得ることができたら、定年まで国がきちんと面倒を見てくれるのです。面倒を見るということは、国がお金を払うということで、そのおカネはどこから捻出されるかというと、国民の税金から捻出されるのです。もちろん、陸・空自衛隊も同じで、まともに仕事ができないヤツでも、職場にいれば給料だけはきちんともらうことができます。

このプータロー・シップを体現しているヤツは公務員だけではなく、民間企業にもいることはいます。ですが、公務員は使えない人材を雇っている比率が、民間に比べて圧倒的に高いと言えます。そんな公務員の中でも、自衛隊は特に高いです。

言い方を変えれば、そういう人間を雇用することで、また定年まで面倒を見ることで、日本全体の雇用率を自衛隊が少なからず保ってきたのです。そう考えれば、自衛隊は国民に貢献してきたと言えないでしょうか（笑）。この雇用状況の厳しい時代に就職できない人間を、自衛隊が雇ってくれているのです。かなり暴論ですが、私はそれくらいムダなことをしていると思っています（なかでも陸上自衛隊は一番規模が大きい。いてもいなくても大勢に影響しないような必要の無い人間はたくさんいるはずです）。

就職人気急上昇中

バブルがはじけて、もう十数年ほど経ちます。今のいままで政府はベクトルのズレたナンセンスな政策を沢山してきました。

全然流行もしていなかった〝ブッチホン〟で流行語大賞を取った小渕さんは、公共事業を通して地方に大量のおカネをばら撒きました。〝地域振興券〟なんていう紙切れも発明しましたが、国民の消費意欲は湧かず、何の効果も得られずじまい。

そして、何を言いたかったのか、失言に次ぐ失言で「サメの脳」との不名誉な評をもらった森さんは、1年もしないうちに総理大臣の職を追われ、歴代まれに見る最悪の醜態を晒しました。

また、エルビス・プレスリーが大好きでたまらない小泉さんは、「私が自民党をぶっ壊します！」とか言って、派閥をホントに壊そうとしたのはいいが、その後の処理に安倍さんを起用したのが失敗でした。政治の新しい可能性が見えそうになりましたが、結局、頭数がモノをいう派閥構造に逆戻り。……これでは何を改革したのか分かりません。

その他にも、なんだかんだやってはみたが、肝心の景気は横ばいのままで変わりません。消費は悪くはなっていないが、良くもなってなく、ソフトランディングでもなければハードランディングでもない中途半端な改革しかできない政府のやり方に、国民全員が相当呆れかえっている状態です。

つい最近、マスメディアを通して、「やっと景気が上向きになってきましたね～」と嘘つきタヌキたち（政治家）やコメンテーターたちがしきりに言っていますが、数字だけで全体の動向を見極めようとする人種は、たいがい宝くじが当たる確率よりも低い予想しかできないのがセオリーです。そんな人間の話は半分くらい聞いて、あとは右から左へ受け流すのがちょうど良いでしょう（ムーディ勝山とは関係ありません）。景気が良くなったとは微塵にも感じられないのが、大勢の意見だと思います。

就職氷河期が去ったとはいえ、依然として就職状況は厳しいままです。デキる人間は企業から引く手あまたですが、デキない人間は採用してくれる企業を必死で探しています。そして、何よりも大卒というカードが無敵とはならない社会になりました。バブル崩壊後、グローバル化した社会では、高学歴だけでは通用しなくなってきているのです。

また、念願の一流企業に就職したとしても、定年まで安心して働けるわけではありません。不良債権というバブルの後遺症を抱えた銀行は沢山ありますし、一流企業が民事再生法の適用を申請するケースも珍しくありません。もはや、定年まで職場を完全に保障している企業など皆無に等しいのです。グローバル化によって、競争が増したということなのでしょう。

その中で人気があるのは、やはり福利厚生が充実している公務員です。将来の安定を約束されている職業を選ぶ傾向にあるのは、今の時代に不安を持っている若者がほとんどだということを如実に表しています（それに、公務員に競争力は必要ありませんしね）。

要するに、年金もガタガタで事実上破綻しているし、国の借金が減る兆しは一向にありません。景気も良くならないし、国の指導者である総理大臣はコロコロ変わる時代です。そんなこんなで不安にならないほうがおかしいくらい、悪いことばかり起きているのが現状です。今の世の中で、たいして才能に恵まれていない平凡な若者の多くは、終身雇用で給料が安定している公務員以外の選択肢を気軽に希望できないでいるのです。

また、親が子供に勧める職業は公務員であることが多いです。バブルの恩恵を最も享受し、バブル崩壊のダメージを真正面から受けた経験を持つ彼らは、かわいい子供たちに自分たちが味わった苦い経験をしてほしくないのです。ハイリスク・ハイリターンの民間企業よりも、安定したローリスク・ローリターンの公務員のほうを選んでほしいのでしょう。

今では、結婚を希望するパートナーの職業で上位を占めるのが、消防職員や警察官などの公務員である場合が多いです。安定した生活が保障されているのが人気の主な理由のようです。

〝男は冒険を求め、女は安定を求める〟と昔からよく言われていますが、今のご時世、男も安定を求めるということなのでしょう。

自衛隊も一応公務員ということで、そこそこ人気があるようです。自衛隊地方協力本部の人間（かつての地方連絡部・地連、自衛隊広報係）も明日の国防を担う若者たちをどんどん入隊させようと、相変わらずメリットばかりをアピールしたパンフレットを発行して、広報活動に精を出しています。

それに、イラク戦争の絡みで陸上自衛隊の現地への派遣、海上自衛隊のインド洋での海上給油などが国際社会から高く評価されました。メディアへの露出も増えて、自衛隊の活動にスポットライトが当たるようになってきたのも、人気が出てきた大きな理由の一つと言えます。

また、イラク復興支援の際に、現地のサマーワで最高指揮を執った佐藤1等陸佐も、「ヒゲの隊長」と、親しみを込めて？　呼ばれたりするくらい自衛隊が注目されています。ハニカミ王子と同じようなレベルでニックネームを付けられるということは、それだけ国民が自衛隊を身近に感じ始めている証拠でもあります。

合コンでも決してウケがいいとは言えなかった自衛官が、最近では「かっこいいよね〜」なんて言われる有様です（これは、私個人の経験ですが……笑）。

それと同時に、注目されたことによって今まで明るみに出ることがなかった様々な問題が、芋づる式に次々と発覚しています。良くも悪くも、自衛隊にとって今が一番注目されている時期であることは間違いないでしょう。

かつては面接なし、即採用！

昔は今とでは、まるっきり正反対な環境にありました。戦後、自衛隊の前身である警察予備隊から数十年、自衛隊はずっと肩身の狭い思いをしてきました。使われることの無い知識と技能を、ただひたすら訓練する毎日、実際に役に立つことがない存在に平和団体や左翼は絶えず疑問をもち続け、自衛隊は執拗に非難を浴びせられてきました。

それもそのはず、実際に役に立つときというのは、日本が戦争に巻き込まれたときだけです。つまり、保険と一緒で、誰も怪我をしない限りは、保険のことなどムダにおカネを払っているとしか思わないのです。

そんな自衛隊にとって、一番キツい時代だったのは、60～70年代の頃です。高度経済成長期にその原動力となった今の団塊の世代が、日米安全保障条約に反対するため、安保闘争を繰り広げ、アメリカとの関係をギクシャクさせていました。政府にムカついていた大きな社会的エネルギーは安保に絡んでいる自衛隊にも向けられてきて、マスメディアをはじめ、色々な方面から随分バッシングされたのです。

また、アメリカ主導による「日本が行った戦争は非人道的で残虐極まりないもの。アジア諸国をはじめ、世界各国が大きな損害を被った」という小・中学校レベルでの日本近代歴史の間違った教育を受けた世代が、社会に進出し始めてきた時期でもあります。そのため、世論が自衛隊という武力集団を邪険にする兆候が見え始めていました（日本は確かに酷いことをしました。しかし、あの時代は日本だけではなく、アメリカも旧ソ連もヨーロッパも同じようなことをしていました。戦勝国であるがゆえに、自分たちのことは棚にあげたままにしているのです。この間違った教育によって、日本人のほとんどが愛国心を失ってしまったのは間違いないはずです。今は愛国心という言葉を発しただけで、周りから変な目で見られてしまう社会になっています）。

そして、高度経済成長期が終わり、ちょっと落ち着いたかと思ったら、今度は80年代後半にバブルが起こりました。元ＦＲＢ議長のグリーンスパン氏が言うところの〝根拠なき熱狂〟を日本が体現していた時代です。日本の企業が自分たちよりも数倍も規模の大きいアメリカの企業を買収できるくらい、この小さな島国には世界中から大量のおカネが集まっていました。

今の自衛隊の充足率は90％以上とすこぶる順調ですが、この頃は充足率60％近くになっていて、深刻な人員不足に陥っていました。自衛隊なんてクソ以下と思われていたのです。どこの企業も潤っていて、何をやっても儲かるようなご時世にイメージが悪いうえに安月給の自衛隊に就職するなんてバカは、ほとんどいなかったのです。自ら進んで火中の栗を拾おうとする猛者《もさ》などいなかったということです。

このように、60～80年代は自衛隊にとっては氷河期と言ってもいいくらいの環境でした。このような社会的風潮では、人を集めるのにも一苦労だったはずです。

では、どのようにして人を集めたかと言うと、入隊する人間のレベルを限りなく低くしたのです。シンプルに言うと、バカでも、アホでもいいから、とりあえず頭数だけ揃えようとしたのです。

いい人材は、一般企業に根こそぎ持っていかれるので、残っているヤツはどこも取り手がないような人間ばかりです。まさに、猫の手も借りたいくらい人材不足にあった自衛隊は、仕方なく残り者を採用したわけです。この場合、〝残り物には福がある〟ということわざが通用しません（悲）。

しかも、そのバカかアホに、ヘタに採用試験など受けさせてしまうと、不合格になってしまいます。せっかく入隊する希望を出してくれた人間をみすみす手放すことになるので、採用試験は形だけで済ませてしまうことがほとんどだったようです。時には面接すらなく、口頭質問だけして合格させることもありました。そんなふうにして、ミソもクソも一緒くたにするようなことをしなければ、組織を維持することができなかったのです。

次のような勧誘の仕方は、この時代に自衛隊が人を集めるためにごく普通に行われていました。Aが勧誘する自衛隊地方連絡部の人間で、Bが就活している若者です。

A「君、いいカラダしてるね〜。自衛隊に入ってみないか？」
B「はぁ……。別に試験を受けるくらいだったらいいですけど」
A「そうかそうか。じゃ、すぐそこに事務所があるから、ちょっと来てもらえないかな」
B「えっ！　今から受けるんですか？」
A「大丈夫、大丈夫！　すぐ終わるから」
A「ここところに名前と生年月日を書いてね」
B「はい。書きました。あと試験問題を解いていけばいいですか？」

A「あぁ、いいよ。名前と生年月日だけ書いてもらったら。後はこっちで処理するから」
B「えっ！　問題やってませんけど！」
A「答えはいいから。合格にしておくから」
A「就職口に困っていたら、私に連絡してくれ。自衛隊で良かったら、いつでも待っているから」

こんなことは、今では考えられないことです。

1次で筆記試験、2次で面接試験、それに合格して内定したとしても、入隊直前の健康診断で引っかかったら、「たいへん残念ですが、今回の入隊は無しということで……」と言われる最近の採用基準とでは雲泥の差です。優れた人材を選べるようになったということは、それだけ自衛官を希望する人間が多くなったということなのでしょう。逆に考えれば、世の中が不景気だという事実を物語っています。

本格的に公務員の人気が出てきたのは、バブルが弾けてからまもなくでした。90年代後半になると、自衛官を希望する人間も徐々に増え、民間企業に流れていた優秀な人材のおこぼれが回ってくるようになってきたのです。

ですから、単純に考えて、ここ15年くらいで入隊している人間は、それ以前に入隊している人間よりも、総合的に学力レベルが高いと言えます。年が若ければ若いほど高くなっているはずです。最近では、採用が高卒よりも大卒である場合が多くなっています。

逆に、ここ15年よりも前に入隊した人間は、学力レベルで比較すると頭が悪いヤツが多いと言えます。さらに、その中で入隊する時期がバブル期にあたっている人間は、はっきり言って一番バカである可能性が高いでしょう。

モラル・ハザードの背景は？

人材不足にあえいできた自衛隊は、仕方無しに頭の悪い人間を雇っていたのですが、頭が悪いだけなのでまだマシでした。祖国を思う心、愛国心さえ持っていたら、何とかやっていけるからです。

しかし、ウラでアメリカが手を引いた戦後教育を吹き込まれた世代は、祖国に対する愛というものを完全に失ってしまいました（アメリカは日本を２度と自分たちに刃向かわせない、従順な国にするという悲願を達成したわけです）。そのような、愛国心の骨抜き教育を受けた子供たちは、70年代に入ってからゾロゾロと社会に進出してきました。戦後まもなく、アメリ力が仕掛けた戦略が身を結び始めた時期でもあります。

愛国心が無いということはどれだけ危険なことなのか、あなたは理解できますか。愛国心を失った国がどうなるかというと、それは具体的に説明するまでもありません。今の日本を見れば、お分かりになるでしょう。

自衛隊、警察官、官僚などの公務員であるにも関わらず、愛国心を持っていない人間が多いから、恥ずかしい不祥事が連発するのです。このような官民の犯罪を〝モラルが欠けている〟とよく言いますが、考えれば当然のことです。そもそも愛国心が無いのだから、モラルもクソもありません。

だから、そういう人間に「あなたは国に損害を与え、国民の信頼を裏切ったんですよ！」などと言っても、批判されている本人は理屈で分かっても、本能では理解することができません。「三つ子の魂、百まで」ということわざがありますが、小さい頃から教育されていなければ、心の深い部分にまで浸透していかないのです。

センセーショナルな内容で話題を呼んだベストセラー作『国家の品格』で、藤原正彦氏が次のように言っています。「どの国にも必ず真のエリートが存在する。たとえ、アメリカのような犯罪大国であっても、真のエリートが一定の人数いるかぎり、国の秩序は保つことができる。そういう人間は国家権力の中枢で活躍し、必然的に国を支える存在になっていく。だが、日本には真のエリートがいない。いるにははいるが、それは頭がいいだけのただのエリートだ。国家に全てを捧げよう、国のためになら死んでも構わない、という気負いを持ったエリートが日本にはいないのだ」。

なるほど、言われてみればその通りです。だから、汚職が尽きないのでしょう。おそらく、この〝ただのエリート〟というのは、官僚のことを指しているのではないかと思います。一流大学を出た彼らは、きっとIQ180くらいの素晴らしい頭を国民のためではなく、自分の私腹を肥やすためだけに、フルに活用しているに違いありません（笑）。そうでなかったら、今の日本はこんなふうになっていなかったはずです。彼らが国民の税金を食い潰したと言っても過言ではないでしょう。

この今の日本の状態を見て、アメリカはきっと喜んでいるに違いありません。この国の民族に辛酸を舐めさせられてから半世紀以上が経ちますが、やっと彼らが望んでいた形になったわけです。もはや、真のエリートがいない日本は国防上、外交上においてアメリカ無しでは成り立たない国です。言うまでもなく、アメリカの属国であって、事実上、合衆国第53番目の州ということになります。

戦後、GHQの占領政策で、真のエリートを養成する教育機関は全て解体されてしまいました。かつて日本が朝鮮を占領したときのように、GHQはまず民族意識の根本を成す教育から手をつけていったのです。ただ一つの違いは、日本は朝鮮の教育ばかりでなく文化そのものを変えようとしたのに比べ、ＧＨＱは文化を尊重し、国を愛する教育の根絶だけを目的としていました。

このしたたかな戦略によって、日本人のアメリカに対する意識はガラリと変わってしまいました。日本列島を火の海にした張本人に対して、戦後まもなくは抵抗意識を持っていたものの、今となっては〝最大の友好国〟と太鼓判を押しています。60、70年代の安保闘争のような機運も、今となっては完全に息絶えてしまいました。

アメリカにしてみれば、2度と刃向かわないような従順な国になってもらえたわけです。戦後の日本をうまくプロデュースしたというか、都合のいいように、コントロールしたというか、とにかくアングロサクソンは、こういうことに関しては素晴らしい才能を持っています。

日本を守る自衛官にしても同様です。おそらく、自衛官であるにも関わらず、国家に忠誠心がない、愛国心を持っていない隊員は多いはずです。

そのような人間が何で入隊したの？　と言えば、給料が高い、生活するためにやむを得ず、戦争マニアなど理由は色々あります。

そういう動機で入隊している人間がいるから、国防上重要な機密情報も札束を握らせれば、簡単に流してしまうのです。愛国心があれば、こんなことはしないはずです。

つまり、最近頻発している海上自衛隊の不祥事は表面的なものではなく、戦後日本社会に深く根ざしている深刻な問題なのです。彼らの不祥事を規制するにしても、所詮法律では限界があります。やはり、最後は個人の自覚に頼らざるをえないのです。そうしたときに、愛国心があるかないかで、道は大きく分かれてしまいます。人民がいて国家が成り立つ以上は、人民の意向が国家の行き先を決めていきます。国を愛する心が無かったら、まともな終着地点には着かないのです。

ですから、安倍元首相が言うところの〝美しい国〟を目指すのなら、愛国心を小・中学校レベルできちんと教えることが絶対必要不可欠なのです。

民間人が知らない「飾り門番」

自衛隊の敷地内に出入る際に必ず通らなければならない場所、それを〝隊門〟と呼びます。一般社会と自衛隊社会をつなぐと同時に分け隔てている隊門は、物理的にも精神的にも重要な場所と言えます。

そして、そこに立つ門番はその基地の顔であり、威容を内外に示す存在です。一般人はもとより、不審人物などを基地内に侵入させないように、四六時中眼を光らせていなければなりません。

しかし、そうしなければならないのですが、実態は酷いものなのです。戦闘集団とは口が滑っても言えないようなズサンな警備体制で、隊門を管理する門番としては、完全に機能していない状態なのです。その驚くべき例を紹介するとしましょう。

門番は、隊門を隊員が通るとき、まず隊員が見せる身分証明書（ＩＤカード）の写真の顔と本人の顔が同一人物であるか確認します。写真の顔と本人の顔が一致した後、その隊員に対して直立して敬礼します。敬礼は「確認しました。問題ありません」という意思表示で、隊員は敬礼を確認してから隊門を通ります。つまり、門番に敬礼されてはじめて、隊門を通る許可をもらうことになるのです。この間、およそ3秒程度で、身分証明書を見せる人間が立ち止まらずに、ゆっくり歩いて通り過ぎることができる間隔です。

ですが、テロの脅威など全く感じさせない平和なこの国では、隊員たちの間には緊張感のひとかけらも無いのが現状です。隊員たちは門番が適当だと分かっていますので、顔を正面に向けずに普通に歩きながら、身分証明書をかざして通り過ぎたりします。昼間なら明るいので、それでもいいのかもしれないが、明け方や深夜では暗くて視認するのが多少困難になります。

……そのはずなのですが、暗い時間帯でも昼間と全く同じ状態で通ることができてしまうからスゴい！（笑）。これは門番の動体視力がアフリカ原住民並みに優れているのか（笑）、きちんと確認していないかのどちらかです。前者の可能性は限りなく低いので、ほとんどの門番が身分証明書の内容を確認せずに出入りの許可を出していることになるでしょう。いちいち写真の顔など確認せず、自衛隊が発行している身分証明書かどうかだけ見て敬礼しているということです。

ですから、暗くなってからであれば、身分証明書に似せた偽ＩＤカードでも彼らの目を充分ごまかせることができるでしょう（笑）。

そんなフヌけな門番は勤務態度も悪いのです。座ったままで敬礼したり、ペアになっている者と喋りながら敬礼したり、明らかに身分証明書を見ていないのに敬礼したりします。

最悪なのは居眠りしていることです。私も経験しています。彼らが机にひじをついて居眠りしているのに３回ほど遭遇しました。私は完全に呆れ返り、３回とも起こさずに素通りしてやりました（笑）。居眠りしているのは深夜であることがほとんどです。確かに眠いのも分かりますが、眠られたら一体誰が警備するというのでしょうか。自覚が無い証拠です。

ちなみに、門番が居眠りするというのは海上自衛官の間では常識となっています。つまり、深夜の居眠りは日常茶飯事だということです。ですから、そんなときは「すいませ〜ん」と言って、わざわざこちらが起こしてから敬礼してもらう始末です。全く、何のためにいるのか、呆れてモノが言えません。一国の戦闘集団がこんなことをしているのですから、実に笑えない話です。

勤務態度の悪さは、階級の低い若い隊員に顕著に表れていて、年齢が若くなればなるほど怠ける程度は酷くなっています。

なぜ、こんなことが起きるのでしょうか。それは、門番という配置があまりにも軽視されすぎていることにあります。普通に考えれば分かることですが、警備上、とても重要な隊門を管理する者は、部隊の中でも選りすぐりの高い運動能力と頭脳を兼ね備えた人間でなければなりません。頭が良いだけではダメですし、運動バカでもダメです。もしものときに、瞬時に判断する力と即応できる体力の両方が必要になるからです。

ですが、前にも言ったとおり、海上自衛隊の場合はベクトルの方向が180度違っているので、普通と逆に考えなければなりません。つまり、隊門を管理している隊員は、別に選りすぐりの高い能力を持っているわけではない平凡な人間がやっているのです。柔道何段、剣道何段、空手何段などという肩書きもなければ、特別、頭が良いというわけでもありません。誰でもやることができる普通の配置なのです。と言うよりも、どちらかというと窓際族の性格のほうが強いのかもしれません。

それは、門番として勤務している隊員のほとんどは若い連中です。新しい戦力として、艦艇部隊に行かされる彼らがここにいるのは、艦艇部隊の生活に適応できずに船を下りたからです。海上自衛官はその名のとおり、海の上で働くのが当たり前で、船乗りが本業となります。海上自衛隊に入隊して４カ月の初等教育が終わったら、よほどの問題が無いかぎり、９割がた第一線で活躍している艦艇部隊に配属されるのがセオリーです。

しかし、船はスペースが狭いし、常に揺れているし、上司と一緒に24時間生活していかなくてはならない特殊な環境です。そのため、不慣れな場所の上に1人で安らぐ空間も無いので、ストレスを抱え込む新米隊員は多くいます。結局、耐えきれず船を降りることは、実はよくあることなのです。

降りると言っても、海上自衛隊を辞めるわけではない人間もいます。そういう連中は、人事課にとっては厄介な存在になります。ただでさえ忙しいのに、いきなり言われて彼らの転勤先を探すはめになるからです。もちろん、船に乗せることはできないし、精神的にもまいっているので、変なところに転勤させると新たな問題を起こしかねない。ですから、ラクなところに行かせるしかないのです。

一般企業でも、問題を起こした社員や、仕事ができない社員を集めた特別な配属先が存在します。第5営業課とか第6販売課などと、そういう連中を集めるためだけに、わざわざ新しい課を作ったりしています。

海上自衛隊では、そういう連中が行くラクな配属先の一つに〝門番〟があるのです。確かに、業務内容は極めて簡単ですし、言っては悪いですが立って敬礼しているだけで1日の仕事の大半は終わります。

ですが、先ほども言った通り、隊門は非常に重要な場所です。誰でもやっていい安っぽい配置ではないはずです。こういう人事配置をやり続けていると、いずれ痛い目に遭うでしょう。

今までは、国内でオウム真理教事件をのぞきテロが起きた例はありませんが、未来のことは誰にも分かりません。警備上、一番危ない夜中に居眠りしてしまう程度の門番だったりすると、テロの標的にされてしまうかもしれません。現状のままであれば、1人でも拳銃を携帯していれば、なんなく隊門を突破できるでしょう。基地内の倉庫には銃が保管されていますが、64式小銃と言って戦闘武器としては半世紀前の化石です。最近のと比べれば、おもちゃにしか見えない代物です。それに、常に銃を携帯している隊員もいないので、やりたい放題できるでしょう。数分としないうちに、基地内を制圧することは充分可能です。

あらゆる可能性を考慮するなら、これくらい考えて当然です。起きてしまった後では遅いのですから。戦闘集団ならば、起きる前に備えるのが普通です。

そこで、私に提案があります。むしろ自衛官よりも、そこら辺でサバイバルゲームをしているマニアックな素人の方が、武器の扱い方を知っているし、知識も豊富です。外部委託という形で彼らを雇って、〝門番〟をやらせてみたらどうでしょうか？ 現状よりかは、だいぶマシになると思いますが（笑）。

海上自衛隊の実像

突然ですが、あなたは海上自衛隊にどういうイメージを持っているでしょうか？日本の海を守る屈強な猛者たち、毎日厳しい訓練を重ねる汗臭い男たちの職場、危険を顧みない勇気を持った命知らずの隊員たち、高い戦闘知識と思考能力を持ち合わせた優秀な人間、最新鋭の戦闘武器を保有する世界有数の戦闘集団、とあげればきりがありませんが、色々なイメージを抱いていると思います。

しかし、ほとんどの人は、海上自衛隊の詳しい概要を知らずにイメージばかり膨らませています。テレビのニュースを通してチラッと聞いたり、または学校の授業で存在を知っている程度です。ちまたの書店では、一般向けに海上自衛隊の艦船を特集した本が売られています。写真付きで説明しているので、比較的分かりやすい内容になっていますが、認知度はいまいちです。この本も立ち読みこそするが、買ってまで熱心に読む人は少ないでしょう。

要するに、〝ＣａｎＣａｍ〟や〝ｓｍａｒｔ〟のように多くの購読者がいるわけではないので、ほとんどの人が正確な知識を持っていないのです。そもそも、身近に感じられないから興味が持てないということなのでしょう。そんなことより、最新のトレンドや芸能人のネタを知るほうが大切だと考えているのです。

ですから、一般人は海上自衛隊のことを聞かれても「何やっているか分からないけど、匍匐《ほふく》前進とか訓練がキツいんでしょ？」とか、「毎日走ったり、筋トレしたり、鉄砲とか撃っているんだよ」とか、「海上だから、戦艦しか持ってないでしょ」など、奇想天外に、勝手にイメージしている場合が多くあります。

まず、匍匐《ほふく》前進などやりませんし、毎日走るわけではありません。小銃を撃つ訓練をするのは1年に2回だけです。自衛隊の前に海上がつくからといって、船しか保有していないわけではなく、陸上基地や航空基地もあるし、独自で航空機も持っています。〝戦艦〟自体保有していません。

それに、よく海上保安庁とごっちゃにして覚えている人が多いのですが、全く違う組織です。意外に知られていませんが、海上保安庁は防衛省ではなく国土交通省の管轄になっています。ちなみに、大ヒットした映画『海猿』は、海上自衛隊ではなく、海上保安庁の隊員たちの日常を描いた作品です。

では、海上自衛隊は毎日何をしているかというと、実に多岐にわたっています。詳しく書かれた本は書店にクサるほどあるので、ここでは簡単に要約して話すとしましょう。

まず、部隊の種類は大きく二つに分かれます。

一つは水上艦・潜水艦などの海上部隊です。出航中は海上における戦闘のあらゆる可能性を考えた訓練を行い、停泊中は船内の機器管理や整備作業をやっています。海外派遣や各国の合同訓練に参加する実動部隊であり、海上自衛隊の肝と言えます。

もう一つは補給基地・航空基地などの陸上部隊です。補給基地は艦艇部隊の物資や食料、燃料、その他に居住施設などを管理していて、海上部隊をサポートする役割を果たしています。航空基地は艦船に搭載する航空機の整備・管理をしています。

この他に、総監部や海上幕僚監部など、部隊の指揮命令系統や隊員の身分などを管理している役所的な仕事をする部隊もあります。

このように、海上自衛隊一つとっても様々な部隊があり、隊員たちの業種はさらに細かく何十種類にも分かれています。自衛隊という特殊な組織であるため、色々なモノを自前で用意しなければならないのです。自衛隊が「社会の縮図」と言われるゆえんでもあります。

また、自衛隊という組織は一つでまとまっているとは言い難く、陸・海・空は必ずしも連携している訳ではありません。情報も共有していないくらい完全に個人プレー状態で、その指揮系統も全く異なっています。海上保安庁と海上自衛隊の連携も悪いのですが、自衛隊の内部も連携が悪いのです。

その理由は、戦前の海軍と陸軍の確執からきていると言われています。第２次世界大戦中、海軍はアメリカとイギリスの連合軍を前にして、「米英との戦いに余力を持って臨み、陸軍との戦いに全力を持って臨む」という方針を打ち出し、陸軍も日中戦争以上に海軍との戦いに勢力を傾けるという方針でいたくらい、お互いの仲は最悪でした。これも敗戦の大きな理由の一つになっています。その名残をいまだに引きずっているのでしょう。

どうでもいいですが、もっと合理的に考えることはできないものでしょうか。仲たがいしている場合ではないのに。組織のエゴやメンツで国を守ることはできません。

小泉政権時に、その異なる指揮系統を統一すべく、今まで調整役に過ぎなかった統合幕僚監部を陸・海・空の三つの幕僚監部の上に置いたことによって、若干連携の悪さも軽くなると予想されますが、先が思いやられることには変わりはありません。

以上が、分かりやすい簡単な概略です。今の海上自衛隊の現状、陸・空自衛隊との関係を理解できたことと思います。もっと詳しく知りたい人は、自衛隊ジャーナリストの第一人者である清谷信一氏の著書を読むことをお薦めします。

海上保安庁との確執

繰り返しになりますが、海上自衛隊と海上保安庁は全く別の組織です。簡単に説明すると、海上保安庁は国土交通省の管轄で、海上での警察・消防機関で、領海・排他的経済水域の警備を主な任務としています。

一方の海上自衛隊は防衛省の管轄で、国家間の戦争、直接侵略の可能性がある場合に領海を海上防衛することが主な任務となっています。

そして、自衛隊法によって、内閣総理大臣が出動命令を出したときに、必要があれば海上保安庁の全部、または一部の指揮権を防衛大臣に委ねることができるようになっています。簡単に言えば、有事の際には防衛大臣が海上保安庁を好き勝手にできるというわけです。しかし、指揮命令系統が異なっているし、法律も整備されていないため、実現にはまだまだ遠いとされているようです。

また、自衛隊から最も嫌われているジャーナリストの清谷信一氏も言っていますが、海上保安庁と海上自衛隊の仲が悪いのは、もはや公然のこととなっています。

任務が重なっている場合が多いから、お互いの情報を共有すればいいのに、一向にその気配はありません。交流も無いため、船の名前が20隻近くかぶっていたりします（笑）。

数年前に北のお友達の差し金である不審船事件で、情報を取り合わない連携の悪さがメディアに露呈され、世論から厳しい批判を受けました。それに業を煮やしてか、ようやく合同訓練が行われるようになりましたが、果たして成果は出ているのでしょうか。

おまけに、海上保安庁は法律で非軍事組織であることを、思いのほか強く定義していますが、皆さんは、これをどう思いますか？

不審船事件で警告を無視した北朝鮮の漁船を拿捕しようと威嚇射撃をした映像が、ニュースで報道されて大きな波紋を呼びました。その映像では、威嚇射撃した弾が漁船本体を被弾させてしまい、それでも止まろうとしない漁船がやがて沈んでいく様子が映されていました。

近年まれに見る特殊な事案だったため、その対応の仕方には様々な論議がされましたが、ここで重要なことは、非軍事組織である彼らが小型船に対して充分な破壊能力を持つ銃火器を保有していたということです。これは、明らかに法で謳っていることと矛盾しています。海上保安庁も、まだまだ法整備が充分ではないのです。

いずれにしろ、海上自衛隊も、海上保安庁も、今の状態を四字熟語風に言うなら〝動脈硬化〟そのものです。詰まった血管を正常化させるためにも、早急な法改正が必要不可欠なのです。

オソマツなイージス艦情報漏えい

皆さんもご存知のとおり、昨年、国防上あってはならないことが起きました。それは、海上自衛隊のイージス艦の機密情報が、当の海上自衛官によって漏えいされたことです。ウィニーのように当初予想できなかった事態ではなく、人為的にもたらされたこの事件は、漏えいした機密情報を完全に回収できないという最悪の結末を迎えることとなりました。

この問題で海上自衛隊のマヌケな防諜体制が浮き彫りになりましたが、この事件は氷山の一角に過ぎません。これは組織に深く根ざした問題なのです。まず、この事件の流れを順に追って説明しましょう。

2007年1月、出入国管理法違反容疑で中国人女性を調べた際、押収した外付けハードディスクの中身に、イージス艦の構造図面などの防衛機密情報が保存されていました。どこから入手したのか捜査するうちに、中国人女性の夫である海上自衛官が、捜査線上に浮かんできたのです。これにより、イージス艦「きりしま」に所属していた2等海曹が同艦の構造図面などの機密情報を持ち出したことが発覚しました。

しかし、彼は機関担当（3分隊）であるため、システム中枢部のＣＩＣ（戦闘指揮所・2分隊）の仕事に携わる立場では無かったのです。そのため、捜査当局は彼に情報を提供した第三者がいるとして、情報の流出元や経路を調べました。

その結果、イージス艦の構造図面などの機密情報をコピーして隊員たちに渡していた3等海佐が流出の発端であると発覚し、逮捕に至りました。簡単ですが、これが事件の全容です。

流出した情報には、構造図面の他に、レーダー性能の限界や迎撃プログラムなどの〝イージス艦の肝〟と言うべき最高軍事機密が入っている可能性もあり、日米安全保障を大きく脅かす恐れがあります。もし、北の将軍様に情報が渡ったりしたら、それこそ致命傷になりかねません。

この事件を受けて、アメリカは航空自衛隊の次期主力戦闘機になるＦＸの情報提供を見合わることにしたそうです。ＦＸはシステムがイージス艦と連動しているため、また漏えいするかもしれないと考えているのです。安易に情報を漏らす海上自衛隊のずさんな体質に呆れ返っているのでしょう。

なぜ、こんなことになってしまったのでしょうか？　この事件の問題点は、海上自衛隊の平和ボケした体質にあります。最悪なことに、一番平和ボケしてはならない職業とも言える自衛官が平和ボケしているのです（笑）。

「そもそも、何で重要な機密情報を簡単にコピーしてしまうのか？」と、多くの方が疑問に思うことでしょう。

その原因は海上自衛隊の教育機関が教務のためにコピーした機密情報を、回収するということを今までしていなかったことにあります。

今回、流出の舞台となった第1術科学校だけに限らず、全国に点在する教育機関では、コピーした機密情報の拡散など、ごく普通に行われているということでした。もちろん、ベールに包まれている潜水艦部隊も例外ではありません。

艦船の構造図面やパイプライン、使用機器の性能の概要などの骨子とも呼べる重要な部分を教えることは、隊員たちの育成のためには必要なことです。教務の一環としてコピーすることは日常的に行われていましたし、それ自体は悪いことではありません。

しかし、マヌケなことにコピーした資料を回収するということをしていませんでした。「情報漏えいしないように」と言うだけで、後処理は個人に任せっぱなしだったのです。そのため、コピーした資料を自宅に持ち帰ったり、業務で参考にするために職場に持っていったり、隊員たちは自分で自由に使っていました。

ちなみに、私が潜水艦教育を受けた潜水艦教育訓練隊（呉）でも、潜水艦の構造やパイプラインなどの資料をコピーして渡していました。もちろん、回収などしないで後の処理は個人に任せていました。当時、教務を受けていた私は、漏えいされる可能性を残しているのは危険なことだと思っていましたが、案の定、最悪の事態を招きました。

資料をコピーしている教官たちと資料を渡される隊員たちが、機密情報の重要性を正しく認識していないため、このようなことが横行していたのです。シンプルに言えば、〝平和ボケ〟しているということなのでしょう。

この3等海佐も事件の数年前に、第1術科学校（広島）でイージス艦の教務をしていました。イージス艦の内部資料を、教務のためにコピーして隊員たちに配っていたのです。その隊員の中に、今回の事件の火付け役となった2等海曹がいました。

中国人女性に情報を提供した2等海曹よりも、流出の発端である3等海佐のほうがニュースで大々的に取り上げられていましたが、前述したようにコピーした資料の拡散などはごく当たり前に行われていることなのです。

そして、「この事件で一番悪いのは誰ですか？」と聞かれれば、多くの一般人は機密情報を流出させた張本人である3等海佐と答えるでしょう。しかし、面白いことに、同じ質問を海上自衛官にぶつけると、多くは2等海曹だと答えます。

彼らにしてみれば、コピーした資料を外部に持っていこうが、自分でしっかり管理していれば問題は無いと思っているのです。ですから、この事件では機密情報を妻に持っていかれた2等海曹が悪いと考えています。今まで当たり前にやっていたことなので、外部に持ち出すことを肯定した思考回路が働いてしまうのです。残念ながら、彼らの危機管理能力はこの程度なのです。

この事件を受けて、海上自衛隊では情報管理を以前よりもだいぶ厳しくしました。というよりも、戦闘集団としてやっと本来のレベルになったと言えます。外国からすれば、今までメチャメチャオープンにしていたことが異常だったはずです。

この情報管理の徹底によって、私物のパソコンの持ち込みが原則禁止になりました。

驚くことに、機密情報を扱う隊員たちは、今まで私物のパソコンを使って業務をしていたのです。なぜ、私物のパソコンで業務をしていたかというと、新しい業務用パソコンの予算を上層部が出し渋っていたからなのです。

はっきり言って、全国の自衛官が使用している業務用パソコンは、ほとんどが旧世代の化石ばかりでした。大量の業務をこなさなければならない現場の隊員たちは、再三にわたり新しい業務用パソコンの予算を申請していましたが、上層部は何に投資すべきなのか理解していなかったため、隊員たちの要求にも応えようとはしませんでした。

その結果、仕事が追いつかないために、ほとんどの隊員が自腹で新しいパソコンを購入していたのです。少ない予算を充てたくない上層部も、仕方なくこれを許可しました。

もちろん、自腹で買っているので家でも使うことがあります。黙って業務用データを入れたまま、自宅に持ち帰ることも普通に行われていました。つまり、私物のパソコンを使うことによって機密情報を外部に持ち出す機会が、以前よりも格段に増えたのです。

今回の事件に限らず、内部資料の流出は他にも、武器庫内見取り図や部内専用の内部資料、隊員名簿や住所録など、ニュースで大きく取り上げられていないものは多くあります。

何を言いたいのかというと、皮肉にも上層部が新しい予算を出し渋ったために、情報漏えいする温床をつくってしまったのです。

結局、私物パソコンの代わりの新しい業務用パソコンを、約40億円かけて緊急調達したそうですから、呆れてモノが言えません。全ての指示が後手に回っています。ここにも、上層部と現場との〝温度差〟が如実に表れています。

「あたご」衝突事件に見えるズサンな勤務

2008年2月、冬の寒さが一段と厳しくなる時期に事件は起こりました。

舞鶴基地所属の護衛艦「あたご」が横須賀沖で漁船「清徳丸」と衝突し、「あたご」は船首部分に傷が入り、清徳丸は真っ二つに割れて沈没しました。

数週間に及ぶ必死の捜索にも関わらず、清徳丸の乗組員である親子2人を発見できず、事件は悲しい結末を迎えることになりました。

国民の疑問は「なぜ、最新鋭の護衛艦がこのような単純なミスを犯したのか?」ということに尽きると思います。その素朴な疑問に答えるべく、連日トップニュース扱いで放送していたワイドショーで、専門家は色々な要因を挙げていました。

アメリカ軍との合同訓練から日本に帰ってきたばかりで、乗組員全員がだいぶ疲れていたから、あるいは、当日は雨が降っていて視界があまりよくなかった(これは後日、間違いであることが判明した)、機器を扱う隊員の技術の問題など、実に様々な要因を言っていました。

しかし、私から言うならば、いずれも妥当な答えではないような気がします。確かに、要因にはなっていますが、決定打はもっと別のところにあります。それも、ずっと程度の低いレベルで、です。この要因を結論づけるには、自衛官の自覚から説明しなければなりません。

現在働いている自衛官の多くが、国家に対する忠誠心を持っていないことについては前述しました。旧海軍時代の教育をそのまま残している江田島の幹部課程を受けている幹部は、多少忠誠心を持っていますが、その下に位置する曹士クラスは特別な愛国心教育を受けているわけではないので、一般人と同じように日教組の嫌日教育が基本となっています。つまり、「なんとなく日本という国を愛せない」症候群なわけです。

自衛隊に入隊するときに「宣誓書」というものに名前を書くので、一応名目上は国家に忠誠を誓うわけですが、誰1人としてそれを本気にすることはありません。たまにそういう人間がいますが、「時代錯誤してるよ」とか「右翼じゃないの？」などと周りから疎まれてしまう始末です（悲）。実際には、本気で宣誓するのが普通なのですが、こと自衛隊に関しては逆になってしまいます。

また、戦争をしたことがなく、訓練ばかりする日々が緊張感を無くし、バッシングされることはあっても賞賛されることはほとんどありませんでした。このような状態が長く続いてきたので、隊員たちの士気は下がることはあっても、上がることはなかったのです。

愛国心のかけらもない士気の低い戦闘集団のモラルは非常に脆弱です。おそらく、確認してもいないのに確認したことにする、または作業していないのに作業したことにする、いわゆる〝カラ報告〟というものも横行していたと考えられます。

実際、船の仕事というものは「保険」的要素の作業が多くあります。つまり、足場の悪い甲板上で、しかも周りは海となると危険な要素が多くあります。そのため、ある作業をするときに、その作業をすることで起こりうる事故を、事前に防ぐためにする別の作業が自然と多くなってしまうのです。こういう作業は、素人からは一見ムダなことをしているようにさえ見えます。

簡単な例えを言いますと、高層ビルの窓ガラス清掃員が命綱をつけるのと同じで、高い場所でなかったら命綱などつける必要はありません。高さ1メートルの窓ガラスを拭くのに命綱をつけていたら「どんだけぇ〜」です（笑）。

この「保険」的要素の作業を行わず、〝カラ報告〟を繰り返していたことが、衝突の決定打になったと私は思うのです。

では、なぜ、この〝カラ報告〟なるものが横行していたのでしょうか？

護衛艦の仕事というものは、多少緊張感のある各種訓練以外は、基本的に業務は同じことの繰り返しなので緊張もへったくれもないのです。そのため、どの艦船も業務を円滑によりスピーディに運ぶために、正規のやり方ではなく、いらないものはとことん省いてきました。正規のやり方にのっとってやると、時間がかかりすぎて終わる仕事も終わらなくなります。平たく言えば、業務内容の「スマート化」（省力化）というわけです。

艦船部隊だけに限らず、海上自衛隊のほとんどの部隊では〝カラ報告〟が行われています。業務を円滑にする目的もありますが、怠慢である部分も否めません。あまりにも長く行われてきたので、既に当たり前といいますか、常態化している始末です。最近、入隊してくる隊員たちのほとんどは、スマート化された業務が正規のやり方だと思っているに違いありません。

しかし、行き過ぎたスマート化は小さな穴をつくってしまいます。今回の衝突は、その小さな見落としが引き金になったと見て間違いないでしょう。

また、事故が起きた事実関係だけではなく、その背景に何が潜んでいるのか考えなくてはいけません。残念ながら、視聴者が一番頼りにしているニュース番組は、事故の詳しい背景などを分析することがあまりありません。次から次へと新しい事件を伝えなければならないニュース番組は、基本的に一つの事件にそれほど力を入れることができないのです。ですから、ニュース番組を30分くらい見ただけで事件の全容を理解したと思い込むのは、早合点と言えるでしょう。

では、潜在的な要因、つまり根本的な問題はどこにあるのでしょうか。

それは体質です。自衛隊では「隊風」とも表現されます。組織の体質そのものが、お世辞にも戦闘集団とは考えられないくらい〝ユルい〟のです。訓練ばかりする日々は、組織を少なからず平和ボケにしてしまいます。それはやがて危機管理能力の欠如に発展し、最終的には自分のしている仕事に対し、正確に自覚する思考を停止させてしまいます。それが、今しきりに言われている〝モラルの欠如〟なのです。

もし、自衛隊の隊風がアメリカの海兵隊並みに、平和ボケの〝へ〟の文字すら浮かばないほど張り詰めていたなら、「あたご」の乗組員たちの雰囲気も当然違っていたはずです。直接、生死が関わってくる仕事に就いているという自覚があれば、訓練に対しても自ずと真剣になります。真剣に訓練に取り組み、研ぎ澄まされた鋭い感覚は、どんな不測の事態にも臨機応変に機能するでしょう。

つまり、普段から現場の空気に緊張感があるチームのほうが、無いチームのほうよりも、集中力があると言いたいのです。臨機応変に動ける鋭い感覚が現場に流れていたら、今回の事件は無かったのかもしれません。

そして、この事件を受けて、見せしめと言わんばかりに上層部の一部が辞職、あるいは左遷されましたが、大衆迎合的に行動しているだけでは根本的な解決になっていません。ある記者会見で笑いながら喋っていたというだけで、処分される羽目になった高級幹部もいるくらいなのですから、何を基準にして処分を下しているのか見え見えです。笑っていた高級幹部も許せませんが、もっと許せないのは、小手先の「謝罪劇場」を繰り返す上層部の行動です。

体質そのものを変えなければ、これからも問題は自然と起きてくるでしょう。そして、何よりも変わらなければならないのは、末端の若い隊員たちではなく、全てを執り仕切る上層部のお偉方たちなのです。自ら士気の低下を促進するベクトルのズレたKYな対策しかしてこなかった彼らの思考回路こそ、早急に変わらなければ、このサラリーマン組織はいずれ自浄作用すらなくなるでしょう。

この事件もまた、イージス艦情報漏えい事件と同じく、隊員のモラルの低下ないし自衛隊の体質そのものが潜在的な要因となっているのです。

話は変わりますが、この事件が起きてから、連日テレビで必死に弁明していた石破防衛大臣、かなり疲れているように見えます。私はあなたが歴代防衛大臣のなかでもずばぬけて信念を持っていらっしゃる方だと思っています（お前は何様だ！……ごもっとも！）。というより、やっと防衛知識に富んだ人が大臣になったと安心しています。頭の硬い上層部とうまく折り合いをつけるのは難しいことですが、歴代大臣たちが決して正面から向き合ってこなかった体質の改革を行っていってほしいです。

我々末端組織の隊員たちの士気が、これ以上下がらないように頑張ってくださることを期待しています。

悪いのは海上自衛隊だけか？

今回の「あたご」衝突事件は、「なだしお」以来の大きな事件として各メディアが一斉にトップニュースで伝え、実に様々な反響がありました。

もちろん、海上自衛隊側には多分に過失がありました。しかし、全部が全部悪いというわけではありません。世論は感情論に流されがちですので、小さい漁船と大きな護衛艦では、どうしても大きい方を悪いと感じてしまいます。しかも、小さい漁船の方は死者まで出してしまったのですから、なおさらです。

でも、事実を忠実に照らし合わせると、少なからず清徳丸にも非があるのです。清徳丸と言うよりも、むしろ、周りを含めた漁船一団と言ったほうが正確でしょう。これに反論する人もいるでしょうが事実は事実です。

事故直前、「あたご」の進行方向でジグザグ走行していた金平丸は、「あたご」の見張り員の適切な判断を遅らせていたはずです。また、進路方向に小型漁船一団がバラバラで動き回っている状態では、小回りのきかない大型船はうかつに進路変更できません。それを「大型船には回避義務がある、『あたご』は全く避けようとしなかった」と一方的に避難するのは自己中心的な発言としか言いようがありません。

挙句、「事故発生当初、艦長が寝ていたとは何事か！」などと、傍若無人な意見も飛び出しました。早朝ならば誰でも寝ているというのに、これでは海上自衛隊の艦長は24時間不眠不休で任務に就きなさいと言っているようなものです。実際の航海中の艦長の勤務態勢は、最低限の睡眠時間しかとれないくらい過酷です。運が悪かったと言いますか、魔が差したと言いますか、貴重な睡眠時間の最中に事故が発生してしまったのです。

現場に無知な人々からこのような心無い批判を受けて、この艦長は何を思ったのでしょうか。その心中は当人にしか分かりません（悲）。

そして、何よりも海上自衛隊の悪かったところは、事故発生直後の対応の仕方でした。最初は世論の激しいバッシングを恐れてか、マスコミも世論の感情論に合わせるかのように、100％「あたご」側に過失があったという報道をしていました。それから時間が経ち、世論もある程度落ち着いてきて、ようやく事故の正しい検証が報道され始めるかというところで、タイミング悪く、国会で事故の隠蔽工作の可能性を指摘されてしまったのです。このおかげで事故の詳しい事実検証よりも、隠蔽工作の方に注目が集まり、報道される内容も衝突事件から海上自衛隊の内部問題に話がすり替わってしまいました。最後は野党の政争の材料にされて、石破防衛大臣の進退問題にまで事が発展しました。

結局、事故の詳しい検証をすることもないまま、この事件は幕を下ろされてしまい、海上自衛隊にとってはかなり後味の悪い結末となってしまいました。

一般人のほとんどもこの事件の印象としては、海上自衛隊に非があると漠然と思っているに違いありません。これは事態の収束の仕方を間違えた、完全な戦略ミスと言えるでしょう。

しかし、前述したとおり、どちらにも過失があります。必ずしも一方に100%非があるとは断言できないのです。私の立場としては、正しい検証をした報道がされていないことには、いささかの不満があります。

感情が入り込むと真実は歪められてしまいます。マスコミの報道を鵜呑みにせずに、それを一つの見方と捉えるべきです。賢くなるべきは、テレビを見ている私たちなのです。

近年、戦後初となる大規模な実戦派兵となったイラク派兵を受けて、陸・空自ともに盛り上がりを見せていましたが、海自だけは防衛省の癒着問題やイージス艦情報漏えい事件などが頻発し、士気は上がらずじまい。それに追い討ちをかけるように起きたのが、今回の「あたご」衝突事件です。

ボクシングに例えるなら、激しいボディブローを何発もくらった後に、1発アッパーをかまされたと言ったところでしょうか。今や、再起不能寸前のところまで行きついてしまっているのが、海上自衛隊なのです。

第7章　海上自衛隊の常識と非常識

自衛隊で潤う呉市全景

民間人のための階級講座「幹部編」

軍隊は隊員を細かく階級で格付けすることによって、巨大な組織の指揮系統を保っています。もちろん、自衛隊も戦闘集団であるため、階級で格付けして上下関係を明確にしています。どのくらい細かく分かれているか、海上自衛隊を例にするとしましょう。

まずトップの海将と海将補、この二つは将官クラスで、海上自衛隊の中でも人数はかなり限られています。主なポストは、海上幕僚長（会長、社長）、地方総監（支社長）、部隊の司令などで、キャリア組で入隊した人の中でも選りすぐりの人間しかなることができません。彼らには、中央省庁の官僚と同じように、定年後に地位の高いポストが用意されています。つまり、天下り先があるということです。

次に1等海佐、2等海佐、3等海佐（会社で言えば部長、外国では大佐、中佐、少佐と呼ばれている）と続きます。この三つは高級幹部クラスで、主なポストは艦長、教育機関の校長、部隊の司令などです。陸上部隊で机上の書類にしか目を通していない将官クラスに比べて、艦船部隊の第一線に勤務することが多く、実際に〝現場〟の指揮を執っているリーダーと言えます。

次に1等海尉、2等海尉、3等海尉（会社で言えば課長、外国では大尉、中尉、少尉と呼ばれている）と続きます。このクラスは砲雷科、補給科、機関科、会計科などの各科のトップを務めます。幹部だけの格付けでは一番下に位置することになります。ほとんどが40歳未満で年齢的に若く、3等海尉に至っては20代が大半を占めています。末端組織の曹士に直接指示を与える彼らは、曹士と常に綿密なコミュニケーションを要します。指揮系統が円滑に進むように、高級幹部と曹士のパイプ役を務めなければならないからです。

自衛隊には、防衛大学校というところがあります。これは民間でいう大学にあたり、そのレベルは東京6大学と肩を並べるくらいと言われています。そんな難関をくぐり抜けて入学した彼らは、みっちり幹部の素養教育を受けて、5年後に3等海尉となり、幹部の仲間入りを果たします。いわゆるキャリア組と呼ばれる出世コースの人種です（もちろん、一般大学から幹部課程に入ることもできます）。

しかし、幹部全員がキャリア組というわけではなく、〝たたき上げ〟の人もいます。〝たたき上げ〟というのは、一番下の階級の2等海士から順当に六つの階級を総ナメして幹部になる人たちのことで、彼らは学力がモノをいう筆記試験ではなく、それまでの現場の仕事が評価されて幹部に昇格する猛者と言えます。

この〝たたき上げ〟の存在が、幹部クラスと曹士クラスの太いパイプ役を担っています。彼らは幹部としての立場も十分理解できるし、曹士の業務も経験があるため、双方にとって良き理解者になることができます。ですから、クッションのような役割を果たして、双方の意見や主張に妥協点を見つけて部隊全体の活動が円滑に進むように務めることができるのです。

現場のノウハウが体に染み付いているので、部下一人ひとりに的確なアドバイスができるし、どれだけの負担がかかっているのかを理解できる彼らは、下部組織の曹士にとっては心強い存在です。

このように幹部クラスでは様々な形で幹部になることができます。コースは大きく3種類に分かれ、それぞれA幹部、B幹部、C幹部と呼ばれています。

A幹部は大卒で幹部になるキャリア組（20代前半）、B幹部は既存の隊員が部内試験に合格して飛び級して幹部になるケース（30代）、C幹部は〝たたき上げ〟で順当に昇任して幹部になるケース（40代）です。

また、幹部課程は約1年と長く、旧日本海軍の教えを色濃く残す厳しい教育内容になっています。そのため、1、2年後に定年を控える老体にはさすがに厳しいということで、ある特殊な階級がつくられています。幹部クラスにも曹士クラスにも属さない「准尉」と呼ばれる階級です。

これは一種の〝逃げ〟のような階級で、定年を前に幹部にならざるを得ない状況の人たちが、厳しい幹部課程を受けたくないがために、わざわざ「准尉」という階級をつくって、そこで定年を迎えようという、わがままな言い分の上に成り立っているものです。一つ下の曹長と業務内容があまり変わらないし、給料自体も百円単位しか変わらないので、階級そのものの役割もあまりありません（しかし、自分がその立場にあったらこういう制度は嬉しいものです……）。

民間人のための階級講座「曹士編」

続いて下部組織の曹士について、話をしたいと思います。

まず、曹士というのは海曹長、１等海曹、２等海曹、３等海曹の下士官クラスと海士長、１等海士、２等海士の兵士クラスからなる海上自衛隊の末端組織のことを指します。幹部の命令を受けて実際に現場で働く彼らは、海上自衛隊を動かしている中心的存在となります。

この曹士クラスは組織全体のおよそ7割を占めているので、部隊によって例外がありますが、配置される人数はたいてい幹部より曹士の方が多くなっています。ですから、彼らの士気の具合によって、その部隊の隊風が大きく変わるのです。

トップの海曹長は伍長（会社で言えば係長、主任など）というポストに付きます。伍長クラスのなかでも序列が一番上の人は先任伍長（取締役、社長補佐）と呼ばれるポストに付いて、曹士全体をうまく統率する強力なリーダーシップを発揮しなければなりません。

先任伍長は経験豊富な知識を必要とするので、比較的年齢の高い人が配置されます。部隊のトップに当たる高級幹部よりも、先任伍長の方が自衛隊に長く勤めているということは、実はよくある話なのです。

そのため、先任伍長に関しては、階級のうえでは准尉の次に位置していますが、指揮系統上はそれを飛び越えて、高級幹部である1等海佐、2等海佐と同じレベルに配置されています。長い勤務経験を生かして、アドバイザーとして部隊のトップである高級幹部をサポートするのです。

次に下士官クラスの1等海曹、2等海曹、3等海曹（係長、主任など）と続きます。彼らは各科のトップである幹部の命令を受けて、それらを部下である海士クラスに振り分けます。海士に仕事のアドバイスをしたり、自衛官の素養教育を施したりする後見人のような役割を果たします。

また、このクラスはそれぞれ各業務の専門教育を受けているプロフェッショナルで、組織の骨子と言うべき重要な存在です。彼ら1人育てるのには、数年の歳月と莫大な税金がかかっています。時間とおカネをたっぷりかけて育て上げた下士官クラスは、世界的に見ても極めてレベルの高いものになっています。

アメリカの軍事評論家が言うには、地球上で最強の軍隊をつくるならば、将校にリーダーシップと長期戦略を得意とするアメリカ軍、曹クラスに高い技術力と知性を持った自衛隊、士クラスに命令に忠実でプロ意識を持つイギリス軍の組み合わせが最適だと評しているくらいなのですから。

そして、最後が海士長、1等海士、2等海士からなる末端組織の海士クラスです。ほとんどが若年層で、体力のいる力仕事が多い現場では頼りになる存在です。彼らの歩兵力が組織の土台になっていると言えるでしょう。

熟練した海士長にもなると、上司である3等海曹よりも勤務経験があるため、彼らにアドバイスすることもあります。必ずしも階級が全てというわけでは無いのです。

しかし、若いということもあって様々な事件を起こす不安要素も持っています。自衛官が起こすケンカ、飲酒運転、窃盗、盗撮・痴漢などの犯罪や自殺などは、最近は年配の人が増えていますが、全体的には依然として若年層が多いようです。

手がつけられない防衛大出のエリート

自衛隊もまた、普通の軍隊と同じように厳密な階級制度によって秩序が保たれています。と先ほど言ったばかりなのですが、それは建前で実際は完全な年功序列型の組織となっています。自衛隊広報のパンフレットには〝実力主義〟と、高々に欧米型の進歩的な成果主義を謳っていますが、残念！　そんなことはありませんよ。今から自衛隊に入隊しようと思っている人は、そこんとこ気をつけて頂きたいですね（笑）。ニコニコしたバーコード頭の広報のおっさんにうまく騙されないように！

ここでは、海上自衛隊の新米幹部を例にとるとしましょう。

A幹部と呼ばれるキャリア組でエリート街道まっしぐらの彼らは、大卒で幹部課程に入り、約1年もの間にわたって、広島の江田島に缶詰状態で徹底した幹部素養教育を受けます。

イギリスのダートマスの海軍兵学校、アメリカのアナポリスの海軍兵学校とともに、世界3大海軍兵学校と謳われた日本海軍兵学校の伝統を受け継いでいるため、その教育内容はとても高貴で厳格なものになっています。そのような教育を受けた彼らのほとんどは、エリート意識を強く持っています。そして、悲しいことに部下である曹士を見下している場合がほとんどなのです。

部下と言っても、自分たちよりも年上の隊員もいるわけで、当然、自衛隊歴も長い先輩もいるわけです。いくら階級社会と言っても、人の感情には限界があります。昨日今日入ったばかりの若造に高飛車な発言をされたら、勤務経験の長い曹士は生意気だと反発するのは必然と言えるでしょう。

3等海尉と言っても、成りたての頃は実際の部隊経験は皆無なため、的確な指示を出せない場合がほとんどです。これは、防衛大卒の人間も同じです。4年間、自衛隊のエリート教育を受けますが、理論先行なものばかりで現場で使える実用的なものを教えていないため、経験がモノをいう現場では失敗することが多いのです。

ここで幹部の先輩だけからではなく、周りの熟練した曹士のアドバイスにも耳を傾ければいいのですが、エリート意識の強い彼らは純粋に階級社会を信じているので、そういう態度はとりません。

こうなると、もう手がつけられなくなります。何も知らないのに上からモノを言うだけで、部下からの意見は聞かないということをしていると、曹士から手痛い報復を受けることになります。

陰口は当然、酷いときは本人の前で平気で言われる始末、訓練中にちぐはぐな指示を出したら「それは違うだろ！」と階級の垣根を越えて注意されたり、幹部なのに上司と見なさない態度をとられたり、タメ口で話しかけられたり、嫌がらせされたり、などなど挙げればきりがありませんね（笑）。曹士の嫌がらせが酷くて潰されたA幹部もいるくらいなので、部下を敵に回すといかに恐ろしいかが分かります。

また、同じA幹部でも、一般大学卒の幹部だと価値観が同じなのでまだ話しやすいのですが、防衛大卒の幹部は5年以上エリート教育にどっぷり浸かっているのでプライドが異常に高く、その価値観は宇宙人そのものでかなりぶっ飛んでいます！（笑）。部下とも話題が合わず、曹士とのコミュニケーションは最悪の一言です。

こういった高飛車な発言とコミュニケーションすら難しいとくると、もうお先真っ暗状態で、結局幹部と曹士との間には軋轢が生まれてしまうのです。つまり、現場を熟知していないキャリアと現場で苦労しているノンキャリアの対立です。

先述した『踊る大捜査線』でも、警察内部のキャリアとノンキャリアとの対立をうまく描き、大きな話題を呼びました。残念ながら、あれに近い状態は自衛隊にも存在しています。この対立を和らげる存在がB幹部とC幹部です。

特にC幹部は曹士の経験がある〝たたき上げ〟で、幹部の立場と曹士の立場の両方を理解することができるので、クッションのような役割を果たしてくれます。また、ほとんどが定年の近いおっさんばかりなので、もの分かりもよく柔軟な対応をします。どちら側にとっても貴重な存在で、彼らが頼みの綱と言えるでしょう。

ショックを受ける定年退職者

海上自衛官の多くは54歳でその長い自衛隊生活に終止符をうち、第２の人生を歩み始めます。それは、遠洋航海などの訓練が職務のメインであったため、長期間自宅を離れることの多かった彼らが、やっと時間に束縛される仕事から解放されることを意味します。

長い間支えてくれた妻または夫とのゆとりある隠居生活を、これからしていこうというわけです。自分の大好きな趣味に時間を忘れて没頭することもできるし、家族で小旅行に行くことも出来るようになるでしょう。現役の頃には、忙しくてなかなかできなかったことに色々チャレンジしていくのです。

理想的にはこんな感じでしょうか？　まぁ、現実にはこんな他人が羨ましがるようないいことばかりが続くわけではありません（自衛官だけに限らず、どの職業でもたいがいそうなのですが……）。

たいていの元海上自衛官は自衛隊が斡旋している企業で新たに働きます。その多くは財団法人などの第3セクター系の会社です。「こんなもの必要なのか？」と思われる第3セクターの施設は全国にたくさんありますが、これは定年退職した公務員の受け皿になっています。彼らがスムーズに再就職できるように、職場の提供をしているのです。

自衛官の定年は早く、年金を受給できる権利が発生する65歳までは10年間とちょっとあるので、まだ子供が小さい場合は学費などを払うために、再就職してでも働く必要があるのです。「自衛官は豊富な退職金がもらえるから、働く必要はないじゃないか」と思う方もいるかもしれませんが、金額が高いのは定年退職する年齢が一般企業よりも5〜6年早いためです。年金を受給できる権利が発生する年齢までの期間、ある程度の生活を保障するために、割高な退職金が支払われるのです。それに、退職金は一括ではなく、段階的に支払われるので、とりあえず目先の収入を確保するために働かざるを得ないのです。しかし、そういう意見を言う人の気持ちも分からないでもありません。確かに、それを考慮したとしても約3000〜4000万円の退職金は多すぎるでしょう。

さて、ここで、あなたに再就職する元海上自衛官たちについて考えてもらいたいことがあります。海上自衛隊という非常に特殊な仕事を何十年も続けてきた人間が、いとも簡単に一般社会に溶け込むことができるでしょうか。

残念ながら、そんな器用な海上自衛官はほとんどいません。彼らは、一般社会とはあまりにもかけ離れた非日常的な環境で何十年も仕事をしてきた人間です。その考え方や行動の仕方など、半生にも渡って積み重ねてきた思考回路の仕組みは、一般人のそれとは全く違うのです（一般人でも、50代で転職するのはキツいはずです）。

つまり、労働観念や生活意識などの価値観が合わないというわけです。公務員全体に言えることですが、とりわけ自衛官は度合いが酷い。そのような人間がある日、突然その価値観を捨てて、周りに溶け込むことは不可能に近いのです。それに年齢的に見ても、頭がだいぶカタくなって物事の変化に柔軟に対応できるはずもないのに。

答えは極めて簡単です。一般社会に溶け込むことができない者がほとんどなのです。彼らの多くが再就職して、一番最初にその大きな壁にぶちあたります。

まぁ、言うなれば例えがあまり良くありませんが、何十年もの長い刑期を務め上げ、釈放された元犯罪者がいたとしましょう。彼は規則でがんじがらめにされ、毎日同じことを繰り返す刑務所生活を長く過ごしました。そのため、めまぐるしく変わった外の世界にいきなり放り出され、彼はその様子を目の前にしてボーゼンとしてしまいます。かつて彼が住んでいた町の風景は全て変わっていて、聞いたこともないような言葉や見たこともない物が、そこらじゅうに飛び交っていて、戸惑いを感じてしまうのです。そして、新しい時代にうまく適合できず、生きようとする意欲を失うのです。

私は再就職する元海上自衛官たちに、そのような姿を重ね合わせてしまいます。そして、この事実は現役の海上自衛官の間では常識になっているのです。昔からいい噂は広まりにくく、悪い噂は広まりやすいものです。私がいた職場では、時々そのような話題が出ていました。

A「つい最近、定年退職した○○さんは○○会社に再就職したようだ」

B「○○さんの性格からして、あまり長続きしそうにないですね」

A「そういえば、仕事を教えてくれる上司が自分の息子の年齢とたいして変わらないことに、ショックを受けていたようだった」

B「きっと敬語で話すのが嫌なんでしょうね」

A「しかし、まだ末っ子が大学を卒業していないから辛抱して働くだろう」

こういう具合で、その知り合いの性格や家族の状況などを話して、○○会社でうまく働くことができるかといったことを世間話程度で話していました。そういうAもBも数年先に定年を控えているというのに、その知り合いの姿が「明日は我が身」とは決して思わないのでしょう。

海上自衛官で家族持ちの一家の大黒柱が、こういう考えの持ち主であることが結構多いのです。そこには、「自分は違う。自分はうまくやれる自信がある」という甘い考えが見え隠れしています。そもそも、その自信はどこから出てくるというのでしょう。民間企業を経験してから自衛官に転職した人なら分かりますが、高校を卒業して海上自衛隊一筋で働いてきた人が、経験したこともないくせに、〝うまくできるはずだ〟と考える根拠が分かりません。

そういう思い上がった態度にはいささかの醜さを感じます。そのような歪んだ自信のせいでまともに定年後の生活を考えず、自分が積み重ねてきた価値観を変えることなく再就職した人間が、厳しい現実を目の当たりにしてショックを受けているのです。

彼らが受けるショックは、自分が想像していた以上にあることでしょう。自衛隊を辞める前には階級クラスは上位に位置し、信頼してくれる大勢の部下を束ね、ある程度の仕事を任されていた人間が、再就職先では自分の息子と同じくらいの年齢の男に仕事を教わり、「次は何をしたらいいですか？」と、必要であれば指示も仰がなくてはなりません。

多くの部下から尊敬され、仕事場が自分の庭であるかのように我が物顔で振る舞っていた高いプライドは、何十年もしてきた仕事とは全く性質の異なる仕事をやっていくうちにズタズタに引き裂かれてしまうのです。

そうやって、初めての民間就職でうまくいかなかった彼らは、自分になまじ自信があるため

「こんなはずはない」とたいてい自分の非を認めず、もっと自分にあった仕事があるはずだと考えてしまうのです。そして、ショックから逃げてしまう人は数年と経たないうちに転職してしまいます。そこでもうまくいかない人は、また転職します。それを2〜3回繰り返すのです。

転職するたびに給料が減ってきて、やがて気づき、「うまくいかないのは、仕事の内容のせいじゃなくて、自分自身の思い上がった考え方のせいだったのか！」と自覚しますが、気づくのが遅かったために再び転職することもできず、たいして好きでもない仕事を続けていかなければならないハメになってしまうのです。

常識の欠けた元海上自衛官たち

何でこうなるのかと言うと、現役の頃のプライドを捨てきれずにいるからです。このようなケースが元海上自衛官全員に当てはまるわけではありませんが、少なからず自分のプライドを傷つけられた苦い経験をした人は多いのではないでしょうか。

次に話す例は、あくまでも分かりやすく説明するためのもので、架空の人物であることをはっきりと言っておきます。

現役中はキャリア組で高級幹部クラス（1等海佐～3等海佐、外国でいえば大佐～少佐クラスに位置する）まで昇任し、船1隻の艦長も務めあげた元海上自衛官のマツダさんは定年を迎えて、自衛隊の職業支援機関から紹介された○○商事に再就職することにした。この会社では、マツダさんの海上自衛官としての素晴らしい経歴を検討して、彼にある程度のレベルの仕事を任せることにした。

彼が入社してから、何日か経ったある日、○○商事に取引先の会社から苦情の電話が入った。この会社の担当はマツダさんであったが、どうやら仕事上でミスがあったらしいのだ。最初は誰でもミスがあるものだとして、会社としても今回は大目に見ることにした。「今後はこのようなことが無いように。分からないことがあったら、周りのスタッフに聞くようにしなさい」と注意だけした。

しかし、彼はプライドが高く、周りのスタッフも全員が年下であったため、聞くこともせず、自分だけの力で解決しようとする。また、ちょっとした雑用でも自分からは動こうとせず、他のスタッフがやっていても見向きもしなかった。

もちろん、そんなマツダさんをスタッフたちは嫌っていた。それは、彼の仕事における実績が低いのに対して、態度が横柄であったからである。

そして、マツダさんはその後も同じようなミスを繰り返し、ついに会社に大きな損害を出してしまう。スタッフたちの苦情も聞いていた○○商事は、彼を解雇することにした。解雇を告げられ、愕然としたマツダさんは自分がミスをしたのは仕事が性格に合っていなかったからだとして、あくまで自分の非を認めようとはしなかった。

自宅に帰り、晩酌の用意をしていた妻に会社をクビになったことを告げると、妻はひどく動揺した。マツダさんは、これ以上妻に余計な心配をかけないようにするために、また自分のプライドを守るために、「明日から、また新しい仕事で頑張るから安心しなさい」と自信ありげに言いきかせた。そして、晩酌しながらクビになった会社の悪口や社員たちのグチを言って、自分に非は無いことを説明した。

頑張ろうとは言ったものの、やはり次の仕事もうまくいかず、また転職するが、次の仕事もうまくいかなかった。転職するたびに労働条件は悪くなり、給料が目減りしていくことに、とうとうマツダさんは自信を喪失してしまう。

自分だけで悩んでもしょうがないと、彼は自分より先に定年退職したかつての上司と会うことにした。現役中は上司と部下の関係で、よく酒を酌み交わす親しい間柄であったが、引退した後はめっきり連絡をしていなかった。

久しぶりの再会に2人とも思わず笑顔がほころび、現役の頃の懐かしい思い出話に花を咲かせた。そして、自分が今まで民間企業で経験してきたことをありのままに話すと、かつての上司も同じような経験をしていたと話してくれた。彼は「大きな原因は、自分たちのプライドであったり、現役中の固定観念にある場合が多い」と言っていた。

それを聞いたマツダさんは自分自身が変わる必要があると思い、もう1度若い頃の気持ちに戻ってやってみようと奮起する。それからの彼の仕事に対する姿勢は180度変わり、どんな雑用でも一生懸命するようになった。

するとどうだろうか、周りの人たちとの関係は良くなり、自然に仕事がスムーズに進むようになっていった。やがて、彼は自分に原因があったことを確信する。今までのことを考えると後悔はあるが、彼は家族のためにも頑張って働いていこうと意気込むのだった。


これと似たような経験をされた元海上自衛官は多いのではないでしょうか。確かに、公務員には悪名高い〝天下り〟という慣例がありますが、自衛隊の場合、それを享受できるのは高級幹部よりも、さらに上に位置する海将、海将補（外国では大将、または将軍と同じ階級）だけです。彼らは官僚たちと同じように特殊財団法人のような、何をしているのか分からない会社で、何もせずに高い給料をもらっています。だから、彼らに関してはこのような弊害が起きる可能性はありません。しかし、高級幹部以下（1等海佐以下）の階級については、このようなケースがあるはずです。

私みたいな者が言うのもなんですが、感情面では与するところもあります（だが、決して同情ではありません）。海上自衛官として数十年、積み重ねてきた実績は素晴らしいものであり、これは決して卑下するようなものではありません。

仕事柄、最新鋭の機器を扱っているため、インテリのイメージを持つ人が多いのですが、実際は手作業が主流で、業務内容はむしろ職人技に近いのです。海上自衛官という名の職人として、彼らなりに一生懸命働いてきたのです。ですが、それを勘違いしてしまい、思い上がったプライドや横暴な態度になってしまうようなことはあってはなりません。

しっかりとした労働観念を持っていれば、このような事態にはならないはずです。今も風の噂でたまに耳に入るということは、まだ原因に気づいていない人がたくさんいることを示しています。厳しい現実を目の当たりにしている人はもう1度初心に帰るべきだし、現役の隊員たちも自分の定年後の人生設計に、しっかりとしたビジョンを持つべきだと思います。

今まで一生懸命働いてきた分、素晴らしい隠居生活を送りたいではありませんか。まだまだ還暦を迎えたか、迎えていないかの年齢なのだから人生これからです。〝先のことを考えるのに、不利益なことなど無いはず！〟（あなたの近くにこのような境遇の人がいたら、是非伝えてほしい。彼らはプライドが高いから聞く耳を持たないかもしれませんが、根気よく言ってほしい！　これは私からのお願いです！）。

セミ・リタイアした元幹部

全く違う選択肢もあるのです。それは、今流行っている？　セミ・リタイアと呼ばれるものです。簡単にいえば、まだ充分働ける年齢であるにもかかわらず働くことを辞めて、ある一定期間を自分の好きなことに費やすことです。人生という永い道の途中でちょっと立ち止まって、周りの景色でも見ようかというニュアンスに近いと思います。

ただし、これには条件があります。おカネ、時間に余裕がなければいけません。この二つが無ければ、セミ・リタイアなど到底不可能です。これができるのは、独身貴族、既に定年退職した人、おカネ持ちといった一部の人間だけでしょう。たいていの人間は、家族の生活を支えるために毎日働かなければなりません。

「オレ〜今は、セミ・リタイアっていうか、自由に生きてんだ〜」とか、ふざけたことを言うモノマネしている清水アキラの顔くらいバカ面した若者がいると思いますが、完全に意味をはき違えています！　あなたたちはただ単に自立せず、親に寄生しているか、バカなオンナのヒモになっているかのどちらかでしょう。おそらく顔は黒く、ピアスをカラダにつけまくり、髪の毛を染めて、今年の流行しているカッコをして、「オレは個性的なんだ」と言わんばかりの風貌でいるに違いありません。こういうパープリンは、一生セミ・リタイアの本当の意味も知らずに一生を終えればいいのです！

話の方向性がだいぶズレてしまいましたが、これは海上自衛官の話でした。

現在の自衛官の退職金は約3000～4000万円で、普通の会社では考えられないほどの莫大なおカネをもらっています。今は世論の厳しい反応を見て、どんどん金額を減らす方向に話が進んでいます。だいたい、この高すぎる金額の設定は一体何を根拠にしたものなのか、是非、決めた方々に聞いてみたいものです。

この中小企業の社長クラスの退職金があれば、年金を受給できる年齢になるまでの数年間は、働かなくても充分生活していけるはずです。派手な遊びをせずに、普段どおりの生活をしていれば、夫婦2人分で6～8年の生活費は軽く賄えることができます。年金を受給できるまでの数年間をしのげるくらいはあるでしょう。それに、たとえ中学生の子供が2人いたとしても、欲しがるものは何でもあげてしまう親バカでないかぎり、3年くらいはもつでしょう（自衛官は親バカが多い傾向にあるが、その原因は分からない……）。

以前、私の上司だった人で引退した後、セミ・リタイアをしている人がいます。とても優しい方で、私もだいぶお世話になったのを覚えています。あの人の下で約2年働きましたが、実に様々なことを教えてもらいました。私が今まで接してきた自衛隊の人間のなかでは物事の視野が広い方でした。

彼は定年退職する何年も前から、「しばらくは、何もしないで好きなことをしていたい」と決めていたようです。もちろん、家族と話し合っての決断です。その気持ちを伝えると、最初は反対されたらしいが、本人の説得によって了承したということです。職場の同僚も「現役中なら自衛隊のコネがあるから、就職に有利だよ」と再就職することを勧めていましたが、彼の意思は固かったのです。

その人は竹を割ったような昔気質の性格でした。若い頃は高卒の資格を修得するために、昼間は海上自衛官として働き、仕事が終わると夜間学校に通い、学校から帰ってきたら、先輩が残した仕事の後片付けをして、それから寝るというハードな毎日を過ごしていたそうです。風呂に入って寝る頃には、時計はすでに零時を回っていて、もう日付が替わっているというのです。青春の真っ只中で、遊びたい盛りだった若い頃を全て仕事に費やしてきた苦労人で、団塊の世代でもあります。

私はそんな苦労をしたことがないし、退職する年齢にまで達するには後〇〇年くらい働かなければなりません。彼がなぜセミ・リタイアしたい心境になったのか、本当のところは分かりません。おそらく、同じ時代を生きた世代にしか分からないのでしょう。

呉の街中で偶然にも2、3度会い、話をする機会がありましたが、多くの時間を自分の趣味に費やしているらしい。どうやらひとときの余暇を謳歌しているようです。毎日、時間を気にせずに好きなことをして暮らしているようで、時間に追われる生活をしている私からは、とても羨ましく見えてしかたがなかったのです。何よりも、好きなことをしている人間というのは、〝輝いて〟見えるものです。ちなみに、彼にはまだ中学生の子供がいます。本人も自覚していたが、相当な親バカらしい（笑）。

確かに、これと反対の意見の人もいます。子供を持つ親からすれば、「子供の将来を考えたら、とてもじゃないが休んではいられない」という声もあるでしょう。だが、親だって1人の人間なのです。突っ走るのもいいが、たまには足を止めて、周りの景色を見るのもいいのではないでしょうか。子供のためを思って一生懸命働くことが悪いこととは言いませんが、自分自身の人生を豊かにする意味で、今まで歩いてきた道を見つめ直す機会があってもいいはずです。

彼の場合は充分蓄えがあるし、体もいたって健康です。元海上自衛官たちよ！　彼のように自分のためだけの贅沢な時間をつくるのも一つの選択肢としてアリだと思うぞ！

著者紹介

黒澤 俊（くろさわ・しゅん）
　現在、海上自衛隊勤務

KYな海上自衛隊――現役海上自衛官のモノローグ

2008年6月30日　第1刷発行

定　価　（本体1500円＋税）
著　者　黒澤　俊
装　幀　佐藤俊男
発行人　小西　誠
発　行　株式会社　社会批評社
　　　　東京都中野区大和町1-12-10小西ビル
　　　　電話／03-3310-0681　FAX／03-3310-6561
　　　　郵便振替／00160-0-161276
http://www.alpha-net.ne.jp/users2/shakai/top/shakai.htm
shakai@mail3.alpha-net.ne.jp
印　刷　モリモト印刷株式会社

社会批評社・好評ノンフィクション

水木しげる／著　A 5判208頁 定価（1500＋税）

●娘に語るお父さんの戦記

－南の島の戦争の話

南方の戦場で片腕を失い、奇跡の生還をした著者。戦争は、小林某が言う正義でも英雄的でもない。地獄のような戦争体験と真実をイラスト90枚と文で綴る。

稲垣真美／著　四六判214頁　定価（1600円＋税）

●良心的兵役拒否の潮流

―日本と世界の非戦の系譜

ヨーロッパから韓国・台湾まで広がる良心的兵役拒否の運動。今この新しい非戦の運動を戦前の灯台社事件をはじめ、戦後の運動まで紹介。

藤原 彰／著　四六判 上巻365頁・下巻333頁　定価各（2500円＋税）

●日本軍事史 上巻・下巻（戦前篇・戦後篇）

上巻では、「軍事史は戦争を再発させないためにこそ究明される」（まえがき）と、江戸末期―明治以来の戦争と軍隊の歴史を検証する。下巻では、解体したはずの旧日本軍の復活と再軍備、そして軍事大国化する自衛隊の諸問題を徹底に解明。軍事史の古典的大著の復刻・新装版。日本図書館協会の「選定図書」に決定。

石埼 学／著　四六判168頁 定価（1500円＋税）

●憲法状況の現在を観る

―９条実現のための立憲的不服従

誰のための憲法か？　誰が憲法を壊すのか？　今、改憲が日程に上る中、新進気鋭の憲法学者が危機にたつ憲法体制を徹底分析。

宗像 基／著　四六判204頁　定価（1600円＋税）

●特攻兵器 蛟龍艇長の物語

－玉音放送下の特殊潜航艇出撃

「クリスチャン軍人」たらんとして入校した海軍兵学校。その同期生の三分の一は戦死。戦争体験者が少なくなる中で、今、子どもたちに遺す戦争の本当の物語。

若宮 健／著　四六判 220 頁　定価（1500 円＋税）

●打ったらハマる パチンコの罠

―ギャンブルで壊れるあなたのココロ

警察公認のパチンコというギャンブル。この「賭博場」で放置され、壊れる人々を追う渾身のルポ！社会問題になっているパチンコ依存症対策のための必読書。

●打ったらハマる パチンコの罠（ＰＡＲＴ２）

―メディアが報じない韓国のパチンコ禁止　四六判 196 頁　定価（1500 円＋税）

韓国はなぜパチンコを全面禁止（06 年）したのか？　日本のメディアがまったく報じないその実態をリポート。そして、今や国民的問題になっている日本のパチンコ依存症の実情を徹底して追う力作。